云南参与澜湄国家跨境生态安全合作研究

马明月　著

东南大學出版社
SOUTHEAST UNIVERSITY PRESS
·南京·

图书在版编目(CIP)数据

云南参与澜湄国家跨境生态安全合作研究 / 马明月著. -- 南京 : 东南大学出版社, 2025. 9. -- ISBN 978-7-5766-2247-8

Ⅰ. X321.3

中国国家版本馆 CIP 数据核字第 2025RY2548 号

云南参与澜湄国家跨境生态安全合作研究

Yunnan Canyu Lanmei Guojia Kuajing Shengtai Anquan Hezuo Yanjiu

著　　者	马明月
出版发行	东南大学出版社
社　　址	南京市四牌楼 2 号(邮编:210096)
出 版 人	白云飞
网　　址	http://www.seupress.com
策划编辑	孙松茜
责任编辑	孙松茜
责任校对	子雪莲
封面设计	王　玥
责任印制	周荣虎
经　　销	全国各地新华书店
印　　刷	广东虎彩云印刷有限公司
开　　本	700mm×1000mm　1/16
印　　张	10.75
字　　数	217 千字
版　　次	2025 年 9 月第 1 版
印　　次	2025 年 9 月第 1 次印刷
书　　号	ISBN 978-7-5766-2247-8
定　　价	88.00 元

(本社图书若有印装质量问题,请直接与营销部联系。电话:025-83791830)

前言

澜沧江—湄公河作为亚洲重要的跨国水系，流经中国、缅甸、老挝、泰国、柬埔寨和越南六国，自古以来，澜湄各国便因水紧密相连。澜湄流域特殊的地理位置，孕育了极为丰富的生态资源，使其成为全球水资源与生物多样性高度富集的区域之一。这些丰富的自然资源，为流域内居民的生产生活提供了坚实的物质基础。

然而，当前澜湄流域的生态环境形势极为复杂，生态治理与保护面临着诸多困境。湄公河沿岸各国均处于现代化发展进程中，贫困问题较为突出，经济发展压力巨大。在经济快速发展与人口持续增长的双重驱动下，对自然资源的过度开发和环境污染问题愈发严重，给澜湄流域的生态环境带来了沉重压力。具体表现为水域生态系统遭到破坏、众多珍稀物种的生存空间被大幅压缩、水资源利用不合理等问题日益凸显，这些状况对流域各国的生态安全和长远发展构成了严峻挑战。如何在有效保护生态环境的前提下，实现经济的可持续发展，已成为澜湄流域各国亟待解决的重大课题。

云南地处澜沧江—湄公河上游，拥有得天独厚的自然资源与独特的地理位置优势。作为中国重要的生态宝库以及澜湄流域的关键组成部分，云南在维护区域生态平衡和生物多样性方面发挥着不可替代的作用。长期以来，中国与湄公河国家在生态安全领域开展了广泛且卓有成效的合作，云南凭借与湄公河国家接壤的地缘优势，不仅在地理位置上具备天然的合作便利性，还在生态保护理念传播和技术交流方面发挥了桥梁纽带作用，成为双方开展生态安全合作的前沿阵地。经过多年的不懈努力，云南与湄公河国家在生物多样性保护、跨境水资源管理、灾害预警与应对等多个领域积累了丰富的成功经验，形成了一系列行之有效的合作模式。云南积极投身跨境生态保护区建设，通过技术交流和人员培训等方式，不断助力澜湄流域国家提升应对生态问题的能力，为区域生态环境的可持续发展奠定了坚实基础。

鉴于澜湄生态环境形势的严峻性，云南在澜湄跨境生态安全合作中肩负着关键使命，其重要性不言而喻。在此背景下，深入研究云南参与澜湄国家跨境生态安全合作的重要性与紧迫性，系统梳理和总结云南在这一合作中的关键角色与历史经验，对于在新时代背景下进一步推动云南及周边地区的生态文明建设，共同构建澜湄生命共同体，具有重要的理论价值和现实意义。

目录

第一章　云南参与澜湄国家跨境生态安全合作的背景与意义

在全球生态环境形势日趋严峻的当下，澜湄国家凭借特殊的地理位置与丰富的资源禀赋，在全球生态环境治理格局中占据着关键地位。澜沧江—湄公河作为东南亚乃至全球重要的跨界河流，拥有丰沛的水资源、良好的水生态环境，是世界上水资源、森林资源以及生物多样性资源最为富集的地区之一。然而，受不合理生产生活方式的影响，该地区生态环境持续恶化，生物多样性受损、水资源利用冲突等问题频繁出现，不仅对流域内居民的生产生活构成严重威胁，还为全球生态环境带来了潜在风险。澜湄国家作为命运共同体，共同面临着这些生态环境挑战，加强跨境生态安全合作、携手应对生态问题，已成为澜湄国家义不容辞的责任。

云南作为中国与澜湄国家接壤的重要区域，参与跨境生态安全合作，不仅关乎自身生态安全，更对整个澜湄区域的生态稳定与可持续发展意义重大。深入剖析云南参与澜湄国家跨境生态安全合作的重要性与紧迫性，探究其在合作中的关键角色与实践经验，能够为澜湄国家提供宝贵的合作范例，有力推动澜湄区域生态环境的可持续发展。因此，开展云南参与澜湄国家跨境生态安全合作研究，兼具重要的理论价值与迫切的现实需求。

第一节　研究背景

全球生态环境的严峻形势，使得国际社会必须携手应对全球性生态环境问题，跨境生态安全治理与合作也日益成为国际社会关注的焦点。澜湄流域生态资源丰富，其生态安全状况不仅直接影响流域内各国的经济社会发展，还对全球生态环境产生深远影响。云南作为澜湄国家的重要组成部分，在跨境生态安全合作中的作用与贡献至关重要。在此背景下，深入分析云南参与澜湄国家跨境生态安全合作的研究背景，对于推动澜湄区域生态环境治理合作、实现区域可持续发展具有重要意义。

一、国际层面

当前，全球生态环境形势严峻，气候变化、生物多样性丧失、水资源短缺、土壤污染及空气污染等问题相互交织，对人类生存和发展构成严重威胁。同时，生态问题的全球化扩散进一步加剧了人类健康和生存风险，这些问题相互交织，使得全球生态环境治理面临前所未有的挑战。澜湄国家虽生态资源丰富，但同样面临着多重生态安全挑战。近年来，澜湄地区在国际合作方面已取得一定成果，然而，不断凸显的生态环境问题迫切要求合作进一步拓展和深化。

（一）全球生态安全形势严峻

生态问题始终是关乎人类生存与发展的核心议题。当下，全球生态环境形势不容乐观，全球变暖、臭氧层破坏、酸雨、淡水资源危机以及物种加速灭绝等全球性生态环境问题，正严重冲击着人类社会的可持续发展能力。习近平总书记曾提出："近年来，气候变化、生物多样性丧失、荒漠化加剧、极端气候事件频发，给人类生存和发展带来严峻挑战。"[①]2024 年 1 月 5 日公布的《全球生态环境遥感监测 2023 年度报告》显示，全球土地覆盖变化显著，森林损毁呈加速态势，1985—2020

① 习近平. 共同构建人与自然生命共同体[N]. 人民日报，2021-04-23(2).

年，全球森林损毁速率由每年 12.17 万平方公里增加至 28.40 万平方公里，35 年间森林损毁导致森林生物量碳损失约 297.10 亿吨碳，表层土壤有机碳损失约 45.10 亿吨碳。[①] 这表明全球森林资源锐减速度加快，形势极为严峻，而这仅仅是全球环境问题的一个缩影。

气候变化是当前人类面临的最严峻威胁之一。随着全球气温的持续上升，极地冰川加速融化，导致海平面上升，严重威胁沿海城市和岛屿国家的安全。同时，全球气候变暖会引发极端天气事件的发生，包括洪水、干旱、热浪和飓风等，这些自然灾害给人类社会和经济造成了巨大损失。此外，全球气候变暖也会对农业生产造成一定的负面影响，比如扰乱农作物的生长周期以及导致减产，进而威胁粮食安全，进一步加剧了农业生产的困难。多项研究数据表明，由全球气候变化引发的各类灾害形势不容乐观，亟须采取有效措施加以应对。

2023 年 3 月 20 日，联合国政府间气候变化专门委员会(IPCC)发布了第六次评估报告的综合报告《气候变化 2023》。该报告整合了自 2018 年以来 IPCC 发布的三份工作组报告及三份特别报告的结论[②]，堪称迄今为止气候变化领域最全面、最权威的科学评估。该报告明确指出，人类活动已导致全球平均气温上升 1.1℃，地球气候变化达到空前水平。气温的上升加剧了极端天气事件的强度和频率，对全球自然生态系统和人类社会造成了严重危害。例如，全球气温每上升 0.5℃，极端高温、强降雨和区域干旱的发生频率和严重程度都会显著增加。[③] 2023 年 11 月，世界气象组织发布的《2023 年全球气候状况》报告显示，2023 年已成为有记录以来人类历史上最热的一年。[④] 气候变化引发的热浪、洪水、干旱、野火以及迅速增强的热带气旋，使得全球数百万人陷入了深重的痛苦与混乱之中，严重影响了他们的日常生活。气候变化的影响具有广泛性和多维性，不仅表现为极端天气事件的频发，还深刻波及粮食安全、公共卫生、生态系统、经济与金融等多个领域。

---

① 赵永新. 开展生态监测　服务全球生态环境治理[N]. 人民日报，2024-01-10(14).

② 许小颖，王春辉. 气候变化相关语言问题国际研究述评[J]. 语言战略研究，2024，9(2)：77-88.

③ IPCC AR6 综合报告|《气候变化 2023》十大重点解读[EB/OL]. 世界资源研究所，2023-04-03. https://wri.org.cn/insights/2023-ipcc-ar6-synthesis-report-climate-change-findings.

④ 世界气象组织 2023 年全球气候状况报告发布，称 2023 年为最暖一年　全球气候亮起"红色警报"[N]. 中国气象报，2024-03-26.

生物多样性保护是国际社会面临的重要环境议题之一，直接关系到生态系统的稳定性和人类社会的可持续发展。自 20 世纪以来，人类活动加剧了生物多样性资源的丧失趋势，对生态系统造成了不可逆的损害，严重威胁到人类社会的可持续发展。2019 年，生物多样性和生态系统服务政府间科学政策平台发布的《全球评估报告》指出，目前约有 100 万种动植物物种面临灭绝威胁。① 2020 年 10 月，世界自然基金会发布的《地球生命力报告 2020》显示，在不到半个世纪的时间里，哺乳动物、鸟类、两栖动物、爬行动物和鱼类的全球种群数量平均下降了约三分之二。② 根据世界经济论坛发布的《2020 年全球风险报告》，若按发生概率和影响力衡量，生物多样性受损位列未来十年全球五大风险之一。③ 而 2022 年发布的《地球生命力报告 2022》进一步表明，自 1970 年以来，监测范围内的野生动物种群数据（包括哺乳动物、鸟类、两栖动物、爬行动物和鱼类）平均下降了 69%。④ 这些数据表明，全球范围内的生物多样性丧失趋势尚未得到有效遏制，生物多样性仍在持续减少。

对于我国来说，虽拥有丰富的物种资源，是世界上物种最丰富的国家之一，涵盖全球陆地生态系统的多种类型，但生物多样性同样面临物种丧失的严峻威胁。根据《中国生物物种名录 2020 版》的数据，2020 年我国高等植物中受威胁物种超过 1 万种，占评估物种总数的 29.3%；真菌中受威胁种类达 6 500 多种，占评估物种总数的 70.3%。⑤ 此外，在《濒危野生动植物种国际贸易公约》列出的 640 个世界性濒危物种中，我国有 156 种，约占其总数的 25%。⑥ 由此可见，保护生物多样性不仅是全球面临的紧迫任务，也是我国实现可持续发展的必然要求。

---

① 侯焱臻，赵文武，刘焱序. 自然衰退“史无前例”，物种灭绝率“加速”：IPBES 全球评估报告简述[J]. 生态学报，2019，39(18)：6943 - 6949.

② WWF. Living Planet Report 2020—Bending the curve of biodiversity loss[EB/OL]. Almond R E A, Grooten M, Petersen T. (Eds). WWF, Gland, Switzerland, 2020. https://library.unccd.int/Details/fullCatalogue/1554? language=en-GB.

③ 2020 年全球风险报告[EB/OL]. 世界经济论坛，2020 - 01 - 15. https://cn.weforum.org/publications/the-global-risks-report-2020.

④ 世界自然基金会. 地球生命力报告 2022[EB/OL]. 2022 - 10 - 13. https://www.wwf.org.uk/our-reports/living-planet-report-2022.

⑤ 中国生物物种名录 2020 版[EB/OL]. 中国科学院生物多样性委员会，2020 - 05 - 22. http://www.sp2000.org.cn/.

⑥ 濒危野生动植物种国际贸易公约[EB/OL]. 1973 - 03 - 03. https://baike.baidu.com/item/.

地球是人类共同的家园，生态环境是人类可持续发展的根基。治理全球生态环境、维护全球生态安全已成为必然选择。然而，世界各国在推进全球生态安全合作的过程中面临诸多挑战。例如，2017 年美国宣布退出《巴黎协定》，这一行为对全球各国参与气候变化应对行动的积极性与立场产生了显著的消极影响。[①]又如，日本不顾国内外的质疑与反对，执意将福岛第一核电站废水排入太平洋，给全球生态安全带来了严峻威胁。此类"逆全球化"环境危机事件不断冲击全球环境治理体系，使全球环境治理进程屡屡受挫。

总之，全球生态安全形势严峻，亟须进行治理与保护。但由于各国经济发展水平、政治制度、文化观念等差异显著，在生态环境治理问题上难以形成统一共识和行动。部分国家出于自身利益考虑，往往采取短视政策，忽视生态环境保护的长期效益，这不仅加剧了全球生态安全形势的恶化，也给国际合作带来了巨大挑战。

（二）澜湄地区生态环境现状不容乐观

澜沧江—湄公河是东南亚乃至全球重要的跨界河流，拥有丰沛的水资源以及良好的水生态环境。作为世界上水资源、森林资源、生物多样性资源最丰富的地区之一，其独特的生态系统为沿岸国家的经济社会发展提供了重要支撑。

在水资源方面，澜湄流域水量充沛，季节变化显著，为农业灌溉、工业生产和居民生活提供了坚实的保障，是流域国家保障粮食安全、推动经济发展和维护社会稳定的重要力量。[②] 在生物多样性方面，该流域是全球淡水生物多样性最高的三大河流之一，已记录的鱼类物种预计达 1 300 种，其中 890 种为淡水鱼类，包括高经济价值的巴沙鱼、黄貂鱼，以及濒危的伊洛瓦底江豚、原鲃等。根据湄公河委员会(MRC)公布的调查数据表明，预计到 2040 年，湄公河 80％的鱼类资源将濒临枯竭；沿河各国的渔业资源以后将面临不同程度的衰减，减幅从 30％到 55％不等。[③]

在森林资源方面，澜湄流域森林覆盖率较高，这些森林不仅储存了大量的碳

---

① 赵运兴. 全球低油价背景下沙特经济转型与中国—沙特阿拉伯的合作研究[D]. 昆明：云南大学，2018.

② 邢伟. 水资源治理与澜湄命运共同体建设[J]. 太平洋学报，2016，24(6)：43－53.

③ 李琴. 澜沧江—湄公河流域水生生物保护：现状、影响与对策[M]. 复旦大学发展研究院，2023：10.

汇,对减缓全球气候变化具有重要意义,还为当地居民提供了丰富的木材、药材和非木材林产品,进一步促进了当地的经济发展。然而,流域国家在享受丰富资源带来的巨大经济利益的同时,也面临着诸多问题。“六国面临着相同的挑战,例如工业化、城镇化和人口增长带来的水资源、能源、粮食需求压力增大,洪旱灾害频发,气候变化带来的不确定性,水利基础设施、滞后和水治理能力不足的问题”①。由于过度依赖自然资源的生产生活方式,农村贫困人口严重依赖森林资源,导致流域范围内木材和非木材森林产品遭到破坏。高比例的贫困人口和落后的生产生活方式使得生物多样性同样受人类活动影响,不合理的经济发展方式加剧湄公河地区生态系统退化。

总之,澜湄地区生态环境现状呈现“生态红利与退化危机并存”的特征,生物多样性资源丰富但锐减趋势显著,人类活动与气候变化叠加导致生态服务功能衰退,因此,加强澜湄地区生态环境保护,推动当地可持续发展,已成为该地区各国共同的责任和使命。

(三)澜湄地区已取得多方合作成果

澜湄合作机制(Lancang-Mekong Cooperation,LMC)是中国与湄公河国家深化合作的重要平台,其建立与发展历程具有里程碑意义。2014 年 11 月,国务院总理李克强在第 17 次中国—东盟领导人会议上首次提出建立澜湄合作机制的倡议。2015 年 11 月,澜湄合作首次外长会在云南景洪举行,正式宣布建立澜湄合作机制。2016 年 3 月,澜湄合作首次领导人会议在海南三亚召开,全面启动澜湄合作进程,标志着澜湄合作机制的正式建立。② 会上,李克强总理提出“中方愿与湄公河国家共同设立澜湄水资源合作中心和环境合作中心,加强技术合作、人才和信息交流,促进绿色、协调、可持续发展”的倡议。③ 2017 年 11 月以来,依托于澜沧江—湄公河环境合作中心,澜湄国家不断就生态环境问题开展卓有成效的对话与交流,并积极实施“绿色澜湄计划”旗舰项目,旨在推动澜湄流域国家对话交

① 澜湄水资源合作部长级会议联合声明[EB/OL]. 新华社,2019-12-18. https://www.chinawater.com.cn/ztgz/hy/2019lmhy/4/201912/t20191223_742574.html.

② 宋清润. 澜沧江—湄公河合作:次区域合作新典范[J]. 中国报道,2019(8):29-31.

③ 在澜沧江—湄公河合作首次领导人会议上的讲话[EB/OL]. 中国政府网,2016-3-23. https://www.gov.cn/guowuyuan/2016-03/23/content_5056927.htm.

流合作，提升流域国家环境治理能力，共同推动流域绿色可持续发展。此后，澜湄合作机制不断发展完善，2018 年 1 月，澜湄合作第二次领导人会议在柬埔寨金边举行，推动澜湄合作从培育期迈向成长期。2020 年 8 月，澜湄合作第三次领导人会议以视频方式成功举行，进一步巩固了澜湄合作的成果，推动合作进入全面发展期。2023 年 12 月 25 日，澜湄合作第四次领导人会议以视频方式成功举行，为澜湄合作的未来发展指明了方向。2024 年 8 月 16 日，第九次外长会在泰国清迈举行，此次会议的召开不仅巩固了六国之间的合作基础，还为未来在经济、安全、环境、科技和人文等领域的合作指明了方向，为澜湄地区的和平、稳定与可持续发展注入了新的动力。

澜湄合作机制建立了多层次的合作架构，涵盖领导人会议、外长会议、高官会议和优先领域联合工作组会议等，还成立了澜湄水资源合作中心、澜湄环境合作中心和全球湄公河研究中心等辅助机构，合作领域广泛，涉及政治安全、经济和可持续发展、社会人文三大支柱，重点在互联互通、产能、跨境经济、水资源、农业和减贫等五个优先领域开展合作。[①] 2023 年 12 月发布的《澜沧江—湄公河合作五年行动计划（2023—2027）》进一步明确了未来合作的方向和重点。[②]

澜湄合作机制成立以来，在机制建设、战略规划、资金支持和务实合作等方面取得了显著进展[③]，不仅促进了区域经济社会发展，还为落实联合国 2030 年可持续发展议程作出了贡献。依托澜湄合作机制，中国与湄公河流域国家紧密协作，在多个生态领域开展了深度合作，在水资源管理方面，双方建立了跨境河流联合监测机制，实时共享水文数据，协同应对洪水、干旱等水灾害，推进水资源的合理开发与利用，确保流域水资源安全。在生物多样性保护领域，通过联合科研考察，加强对珍稀动植物物种的保护与研究，建立跨境自然保护区，并共同打击非法野生动植物贸易，守护区域生物多样性宝库。面对气候变化这一全球性挑战，中国与湄公河流域国家分享了气候监测技术与应对经验，协助各国提升应对气候变化

---

① 澜沧江—湄公河合作概况[EB/OL]. 中华人民共和国外交部，2023 - 12 - 25. https://www.fmprc.gov.cn/web/wjb_673085/zzjg_673183/yzs_673193/dqzz_673197/lcjmghhz_692228/gk_692230/.

② 澜沧江—湄公河合作五年行动计划（2023—2027）[EB/OL]. 中国政府网，2023 - 12 - 26. https://www.gov.cn/yaowen/liebiao/202312/content_6922341.htm.

③ 杨泽伟. 中国参与亚洲区域组织的实践：发展历程、经验教训与未来展望[J]. 太平洋学报，2024，32(5)：1 - 14.

的能力，共同探索适应气候变化的可持续发展路径。

澜湄合作机制作为构建人类命运共同体的重要实践平台，不仅为中国与东盟国家的合作提供了新的思路和模式，也为全球治理改革与建设提供了有益的探索。[①] 尤其是在维护区域生态安全方面取得了诸多实质性成果，六国通过加强政策对话和技术交流，共同推动绿色发展理念的落地实施，有效提升区域环境能力建设，共促区域绿色发展。未来，澜湄合作机制将进一步深化合作，推动区域一体化进程，助力澜湄命运共同体建设，为地区和平、发展与繁荣注入新的动力。[②]

（四）跨境生态问题凸显促使合作需求增长

在全球生态格局中，澜湄区域国家占据着关键地位，然而，当前澜湄区域跨境生态问题愈发突出，严重影响着流域经济社会发展。水资源遭受严重污染，工业废水、生活污水肆意排放，致使水质恶化，众多依赖清洁水源的水生生物生存环境遭到严重威胁；生物多样性急剧丧失，大量珍稀物种栖息地被破坏，非法捕猎与贸易屡禁不止，许多物种已濒临灭绝；森林砍伐现象猖獗，加上不合理的生产生活方式导致农田扩张，使得森林面积减少，森林覆盖率下降，生态屏障功能严重受损。澜湄区域严峻的生态环境问题对六国的经济、社会、生态安全均构成了严重威胁，阻碍了区域的可持续发展进程。

随着全球化加速推进，区域一体化进程也呈现出加速发展的态势，加之澜湄区域独特的地理位置，其生态问题呈现出鲜明的跨境特征。澜湄区域生态系统相互关联，不受国界限制，河流上下游国家的生态状况紧密相连，任何单一国家都难以凭借自身力量扭转整个流域生态恶化的趋势。因此，沿岸各国携手共同应对跨境生态难题，已成为实现区域可持续发展的必然趋势。

面对特殊的区域环境问题，中国始终秉持着大国担当，积极与澜湄国家展开了多维度、深层次的环境保护合作，并取得了诸多积极成果。在此过程中，六国之间的合作意识不断增强，中国在其中的支撑引领作用愈发显著，已然成为推动区域生态合作的关键力量。

---

① 潘晓明，荣鹰. 构建澜湄国家命运共同体：理念与实践路径[J]. 国际问题研究，2024(5)：1－23，138.

② 澜沧江—湄公河合作五年行动计划（2023—2027）[EB/OL]. 新华社，2023－12－26. https://www.gov.cn/yaowen/liebiao/202312/content_6922341.htm.

在合作进程中，中国积极推动强化环境管理能力建设，助力各国提升在环境监测、评估、执法等方面的能力建设。云南凭借其独特的地理优势与丰富的生态资源，充分发挥自身作用，汇聚各方智慧与力量，为区域生态合作搭建起稳固且高效的平台。除了搭建双边及多边合作机制以外，近年来，澜湄六国交流互动日益频繁，各方在环境保护合作上不断达成广泛而深入的共识，为澜湄区域环境治理与保护合作奠定了坚实的政治基础。与此同时，民间在环境治理与保护方面的交流与合作也呈现出蓬勃发展之势，六国通过召开学术研讨会、举办技术培训活动以及派遣专业技术人员相互学习的方式，推动国家间互相分享前沿研究成果与实践经验，这些交流活动不断汇聚成推动区域生态保护的合力。

总之，澜湄区域虽蕴藏着极为丰富的生态资源，但其生态问题日益凸显，形势不容乐观。澜湄国家大多为发展中国家，这些国家面临着经济增长与环境保护的多重压力。在此背景下，探寻经济发展与环境保护之间的平衡点，成为澜湄国家实现可持续发展的关键命题。从日益密集的多边与双边合作机制，以及愈发频繁的交流活动来看，澜湄国家共同采取有效行动以应对生态问题的紧迫性与重要性愈发凸显。

二、国内层面

中国作为全球生态文明建设的重要参与者、贡献者和引领者，其生态文明建设成就与“一带一路”倡议的提出，为澜湄国家跨境生态安全合作研究提供了坚实的理论基础与实践经验，对于进一步拓展和深化云南参与澜湄国家生态安全合作具有深远意义。

（一）中国生态文明建设成就突显

近年来，中国的生态文明建设取得了显著成就。在制度设计上，自党的十八大以来，党中央以高度的战略远见将生态文明建设纳入“五位一体”总体布局，为国家可持续发展确立了明确的战略方向。[①] “美丽中国”建设目标的提出，为我国

① 党的十八大以来经济社会发展成就系列报告：生态文明建设[EB/OL]. 中国政府网，2022-10-09. https://www.gov.cn/xinwen/2022-10/09/content_5716870.htm.

生态文明建设提供了科学的行动指南。[①] 在生态文明建设进程中，我国实现了从片面追求经济增长向生态环境保护与经济发展并重的重大理念转变，为经济社会全面绿色转型奠定了坚实的思想基础。

在实践层面，我国系统推进污染防治攻坚战，全面实施生态修复工程。以森林生态系统修复为例，通过持续开展大规模国土绿化行动，强化森林资源保护管理，深入实施天然林保护工程等措施，我国森林覆盖率实现稳步提升，森林生态系统的稳定性和服务功能得到显著增强。同时，我国积极推进绿色低碳转型发展，制定了明确的碳达峰、碳中和战略目标及实施路径：一方面着力优化能源结构，大力发展风电、光伏、水电、核电等清洁能源，显著提高清洁能源消费比重；另一方面在工业、建筑、交通等重点领域全面推进节能减排工作，通过推广应用节能技术和产品，不断提升能源利用效率。

作为全球生态文明建设的重要贡献者，中国积极为全球环境事务贡献力量。在国内生态文明建设取得显著成效的同时，中国始终秉持人类命运共同体理念，积极投身全球生态环境治理。例如，为应对全球气候挑战，中国在推动《巴黎协定》落实的过程中，不仅以身作则，严格履行自身减排承诺，还积极与其他国家开展对话与合作，分享中国在应对气候变化方面的经验与技术，为全球气候治理贡献力量。这些全方位、深层次的努力，不仅为国内生态文明建设筑牢了坚实根基，也为澜湄国家跨境生态安全合作创造了难得机遇。中国通过这些务实行动，为应对全球生态环境问题贡献了宝贵的中国智慧和切实可行的中国方案。展望未来，中国有望与湄公河国家携手并肩，共同描绘着生态和谐、发展繁荣的美好画卷，向着实现区域生态安全与可持续发展的目标稳步迈进。

（二）“一带一路”倡议的提出

2013 年，习近平总书记在出访哈萨克斯坦和印度尼西亚时先后提出共建“丝绸之路经济带”和“21 世纪海上丝绸之路”的重大倡议，旨在传承丝绸之路精神，携手打造开放合作平台，为各国共同发展和繁荣提供新动力。2017 年 5 月，在第一届“一带一路”国际合作高峰论坛上，习近平总书记倡导建立“一带一路”绿色发展国际联盟，旨在推动绿色发展理念，将其融入“一带一路”建设中，会上，多家中

① 中共中央 国务院关于全面推进美丽中国建设的意见[EB/OL]. 中共中央，国务院，2024 - 01 - 11. https://www.gov.cn/zhengce/202401/content_6925405.htm.

外政府部门、研究机构等共同发起成立了“一带一路”绿色发展国际联盟，为“一带一路”绿色发展合作打造了政策对话和沟通平台、环境知识和信息平台、绿色技术交流与转让平台。2019 年 4 月，习近平总书记在第二届“一带一路”国际合作高峰论坛开幕式上提出，要把绿色作为“一带一路”建设的底色，推动绿色基础设施建设。2023 年 10 月，在第三届“一带一路”国际合作高峰论坛开幕式上，习近平总书记指出中国讲继续深化同“一带一路”国家绿色领域合作，加大对“一带一路”绿色发展国际联盟的支持。可见，“一带一路”倡议自 2013 年提出以来，不断将绿色发展融入各国合作中，将生态环保合作置于重要战略地位，从而推动沿线国家和地区的可持续发展。该倡议通过倡导绿色基础设施建设、清洁能源合作、生态保护与修复等领域的务实合作，不仅为区域生态安全与环境保护提供了重要平台，还为全球绿色治理贡献了中国智慧和中国方案。

澜湄合作是“一带一路”倡议的具体实践和重要组成部分，旨在促进政策沟通、设施联通、贸易畅通、资金融通、民心相通，推动澜湄合作向前发展，构建澜湄国家命运共同体。[①] 在澜湄国家跨境生态安全合作中，“一带一路”倡议发挥了显著的引领作用，推动中国与湄公河流域国家在水资源管理、生物多样性保护、气候变化应对等领域的深度合作。例如，澜湄流域的水资源合作机制不断完善，跨境生态廊道建设稳步推进，绿色技术交流与创新合作日益深化，这些项目均依托“一带一路”框架得以高效实施。这不仅促进了区域生态安全的协同治理，也为澜湄国家实现经济与生态的协调发展提供了重要支持，彰显了中国在推动全球绿色发展与生态治理中的责任与担当。

此外，“一带一路”倡议还通过搭建多边合作平台，促进了沿线国家在环境政策、技术标准、资金机制等方面的对接与融合，为全球生态文明建设注入了新的动力。未来，随着“一带一路”倡议的深入拓展与推进，中国与澜湄流域国家的环境合作将进一步走深走实，澜湄国家将在水资源管理、生态保护、污染防治等领域加强政策对话与技术交流，共享绿色发展经验，携手应对环境挑战，共同构建澜湄生命共同体。

---

① 刘稚，徐秀良.“一带一路”背景下澜湄合作的定位及发展[J]. 云南大学学报（社会科学版），2017，16(5)：94－100.

三、云南自身层面

云南作为澜湄流域的源头区域，在维护上游生态安全屏障方面发挥着关键作用，对维护澜湄地区生态系统稳定意义重大。同时，云南生态资源丰富，在生态文明建设方面成果显著，在参与澜湄众多合作中积累了良好基础，是中国与流域国家国际合作的关键纽带，也是澜湄国家跨境生态安全合作的重要参与者。

（一）云南地缘生态特点

云南地处中国西南边陲，与缅甸、老挝、越南三国接壤，边境线长达 4 060 公里，是中国面向南亚东南亚区域合作的重要门户。从地缘政治和生态安全双重维度来看，云南在澜湄合作机制中具有显著的区位优势。作为澜沧江—湄公河次区域的重要生态屏障，云南的生态环境状况会对下游国家产生显著的影响。澜沧江（湄公河上游）发源于青海省，但其主要流域和关键生态功能区位于云南境内，其水资源管理实践和生态系统保护成效直接关系到下游国家的生态安全与可持续发展进程。

澜沧江—湄公河作为亚洲最重要的国际河流之一，其流域生态系统服务功能具有显著的跨境特征。该河流系统为流域内大多数人口提供包括淡水供给、农业灌溉、渔业养殖、水力发电和航运交通等在内的多重生态系统服务，对维持区域生态安全和促进经济社会发展具有不可替代的战略价值。

作为中国参与澜湄跨境生态治理的关键区域，云南在跨境生态环境治理领域发挥着不可替代的作用。云南凭借其独特的生态区位优势，系统性地参与了全球生态环境治理实践，为维护区域生态安全作出了实质性贡献。从生态功能区的战略定位来看，云南承担着三重维度的生态安全保障使命：在区域层面构建生态屏障，在国家层面守护生态安全底线，在国际层面履行跨境环境责任。2020 年 1 月，习近平总书记考察云南时要求努力在建设我国生态文明建设排头兵上不断取得新进展，这是对云南生态资源的肯定，同时也是对发挥重要战略位置的鞭策。①

① 奋力绘就七彩云南生态画卷（深入学习贯彻习近平新时代中国特色社会主义思想）—理论—中国共产党新闻网［EB/OL］. 2023 - 03 - 24. http://theory.people.com.cn/GB/n1/2023/0324/c40531-32650447.html.

作为中国对接澜湄国家的重要门户，云南的生态状况直接影响着下游多个国家和地区的生态安全。基于这一战略定位，云南系统性地开展了跨境生态治理实践，充分体现了上游区域的环境责任和担当。云南不仅是澜湄合作的天然桥梁，更是中国与流域国家开展生态安全、经济合作和人文交流的前沿阵地，其独特的地理位置使其在跨境水资源管理、生物多样性保护、气候变化应对等诸多关键领域都具有不可替代的重要战略意义。

近年来，云南通过加强跨境河流的水资源保护和生态治理，不仅为本地筑牢生态安全屏障，还为下游国家输送清洁、稳定的水资源，有效减少了因水资源短缺或污染可能引发的跨境争端。此外，云南携手下游国家，联合开展跨境水资源监测与评估工作，运用先进技术手段和科学方法，精准掌握水资源动态变化，进而制定公平合理的水资源分配方案，推动水资源可持续利用。同时，云南大力实施植树造林、水土保持等生态修复工程，减少泥沙淤积，改善河流生态环境，为整个流域铸牢生态屏障。

云南凭借自身丰富的跨境交通网络和开放平台，如中国—东盟博览会、跨境经济合作区等，不断加强与流域国家的互联互通，促进人员、物资、技术、信息的自由流动和高效配置，进一步强化了其在区域合作中的枢纽作用。这种独特的区位优势，为云南深度参与澜湄合作提供了坚实基础，使其能够充分发挥自身优势，推动区域的生态安全与可持续发展。

云南作为中国参与澜湄国家生态安全合作的核心区域，其地缘生态特点兼具自然禀赋的独特性与战略功能的复合性，主要体现在以下几个方面：

1. 生态资源丰富

云南不仅是全球 34 个生物多样性热点地区之一，还是中国生物多样性最丰富的省份之一，拥有从热带雨林到高山草甸的多种生态系统，被誉为“动植物王国”和“物种基因库”。[①] 其独特的地理环境和气候条件孕育了众多珍稀物种和特有生态系统，使云南成为亚洲重要的生态安全屏障。作为澜沧江—湄公河的上游流经地，云南在维护区域生态安全方面肩负着重要责任，其生态保护与可持续发展直接影响下游国家的生态环境和民生福祉。云南通过加强自然保护区建设、推动生态修复工程、参与跨境生态合作等措施，守护本地生态资源，为澜湄国家乃至

① 段昌群，吴学灿，李唯，等. 美丽云南建设[M]. 北京：社会科学文献出版社，2020：1－210.

亚洲地区的生态安全与绿色发展作出重要贡献。凭借丰富的生态资源和重要的生态地位，云南在区域生态治理与合作中发挥着不可替代的作用。

2. 上游生态屏障与跨境水资源枢纽

云南境内澜沧江干流长达1 240多公里，占中国境内全长的60%以上，拥有小湾、糯扎渡等梯级水电站，其蓄水调度直接影响下游湄公河流域的水文节律和生态安全。例如，景洪水电站在2020年大旱期间，通过应急补水使下泄流量增加1 000立方米/秒，惠及越南、柬埔寨等国。[①] 此外，云南在跨境水资源治理中能够充当协调者的角色，连续19年向澜湄国家提供水文数据，并推动建立澜湄水资源合作中心，共享河流信息与生态保护技术，成为上下游利益平衡的关键支点。

3. 生物多样性热点与跨境生态廊道建设区

云南拥有全中国50%以上的动植物种类和70%以上的微生物种类，被誉为"生物资源王国"和"生物基因宝库"。[②] 西双版纳热带雨林、高黎贡山等区域是全球34个生物多样性热点之一，与老挝北部、缅甸克钦邦的森林构成跨境生态走廊，维系亚洲象、云豹等物种的迁徙通道。在跨境生物多样性保护方面，云南已经积累了丰富的经验，能为澜湄国家合作的推进以及维护区域生态安全提供重要参考经验。例如，在中老铁路建设中，云南通过绕避敏感区、设计动物通道（如亚洲象走廊）和植被修复，成为国际认可的绿色基建范例，推动跨境栖息地连通性保护，为老挝当地生态环境保护贡献力量，也为全球跨境基础设施建设项目平衡经济发展与生态保护提供成功范例，促进区域生态环境可持续发展。

4. 区域生态治理技术与制度创新高地

依托高分卫星、环境DNA监测等技术，云南在构建跨境生态数据库方面经验丰富，并向湄公河流域国家开放分级数据权限。各方可在共同的数据基础上开展联合研究、监测和评估工作，共同应对跨境生态挑战，如水土流失、生物多样性丧失、气候变化等。随着共建"一带一路"倡议、中国—东盟合作、"澜湄环境合作"的不断推进，云南与澜湄国家的生态环保国际交流合作不断深化，实施了多个环保项目并取得显著成效。例如，云南与老挝合作实施了"中国云南省—老挝南塔

---

① 中方加大澜沧江景洪水电站下泄流量帮助下游共同应对旱情[EB/OL]. 水利部网站，2020-01-28. https://www.gov.cn/xinwen/2020-01/28/content_5472635.htm.

② 段昌群，吴学灿，李唯，等. 美丽云南建设[M]. 北京：社会科学文献出版社，2020：1-210.

省环境保护交流合作技术援助项目”“中国云南省—老挝琅勃拉邦省环境保护交流合作能力建设技术援助项目”“中国云南省—老挝琅勃拉邦省环境交流合作农村垃圾处理示范工程项目”等，不断拓展环境合作领域，促进区域绿色发展，推动澜湄生态安全合作不断取得新成效。

（二）具备广泛的合作基础

云南与澜湄五国地缘相近、人缘相亲、文缘相通，长期以来在经贸、人文、生态等领域开展了广泛而深入的合作，为跨境生态安全合作奠定了坚实基础。作为中国与澜湄国家交往的重要门户，云南凭借独特的地理位置和丰富的民族文化，与缅甸、老挝、越南等国在跨境贸易、基础设施建设、农业合作、旅游开发等方面成果显著，为区域合作与发展注入强大动力。

在经贸合作方面，云南与澜湄国家的贸易往来日益频繁。依托澜湄合作机制，将互联互通、产能合作、跨境经济合作、水资源、农业和减贫确定为五大重点合作领域。2023 年，商务部与五国通过了《澜湄国家跨境经济合作五年发展规划(2023—2027)》，旨在落实澜湄国家领导人关于推进经贸合作的重要共识，围绕跨境经济合作领域的政策沟通、发展对接和创新性合作进行规划，对澜湄各国经贸合作具有重要指导意义，将进一步提升各成员国间跨境经济合作水平，促进次区域经济融合发展。[①] 2024 年前三季度，云南对澜湄五国进出口值达 789.2 亿元，占对东盟十国进出口值的 93.7%，[②]还创新开行了“沪滇澜湄线”“云贵澜湄线”等国际货运班列，加强了与澜湄国家的贸易联系。

在基础设施建设方面，云南建投集团积极发挥其专业优势，推动澜湄区域交通基础设施完善与升级。以中老铁路为例，自 2021 年 12 月 3 日正式开通运营至 2025 年 2 月底，累计发送旅客已超过 4 860 万人次，运输货物总量达到 5 400 万吨。[③] 这一数据不仅充分展现了中老铁路作为区域交通大动脉的高效运输能力，

---

① 澜沧江—湄公河合作五年行动计划(2023—2027)[EB/OL]. 中国政府网，2023-12-26. https://www.gov.cn/yaowen/liebiao/202312/content_6922341.htm.

② 昆明海关. 2024 年前三季度云南对湄公河五国进出口规模超 780 亿元[EB/OL]. 云南省人民政府门户网站，2024-11-07. https://www.yn.gov.cn/sjfb/sjyw/202411/t20241107_305485.html.

③ 中国铁路昆明局集团有限公司. 中老铁路累计发送旅客超 4860 万人次[EB/OL]. 昆明市人民政府门户网站，2025-03-05. https://www.km.gov.cn/c/2025-03-05/4950807.shtml.

在促进区域互联互通、推动跨境贸易与人员流动方面发挥关键作用，为区域经济一体化进程提供坚实交通支撑。

在农业合作方面，澜湄六国的农业合作成果丰硕。2021 年，中国与澜湄国家农产品贸易总额达到 282 亿美元，这一数据充分体现了双方在农业领域紧密的经济联系与合作深度。[①] 云南积极投身其中，搭建多元化合作平台，推动农业技术交流与合作，为澜湄国家农业发展提供有力支持。

在旅游开发方面，云南与澜湄国家的旅游合作不断深化。通过举办的“澜湄视听周”等活动，促进了区域旅游合作。同时，云南还积极探索澜湄流域文化旅游创新发展，推动滇西南澜沧江—湄公河黄金四角旅游圈建设。

在生态保护方面，云南与澜湄国家的合作持续深化并取得显著成效。通过系统推进自然保护区网络建设、实施生态修复重大工程以及积极参与跨境生态治理等举措，有效维护了区域生态资源安全。云南与澜湄国家协同开展了澜沧江—湄公河流域生态廊道建设、跨境生物多样性联合保护以及绿色低碳技术合作交流等重点项目，提升了区域生态安全的协同治理效能，同时为推动区域经济绿色转型与可持续发展提供了重要支撑。

综上所述，云南与澜湄国家已在多领域建立合作并取得显著成效，为生态领域合作打下坚实基础，在跨境生态安全治理领域占据先发优势。这一合作格局为六国构建更加紧密的生态安全伙伴关系奠定重要基础，也为推进区域绿色发展提供强有力的制度保障和技术支撑。

① 云南日报. 澜湄六国专家探讨澜湄减贫合作与农业发展[EB/OL]. 云南省人民政府门户网站，2022-10-31. https://www.yn.gov.cn/ywdt/bmdt/202210/t20221031_249404.html.

第二节　研究意义

澜湄流域作为生态资源极为丰富的地区，其生态安全对于整个区域的可持续发展乃至全球的生态环境治理具有深远影响。云南作为澜湄区域的重要组成部分，积极参与澜湄跨境生态安全合作，不仅在推动澜湄区域国家合作中发挥积极作用，更为筑牢区域生态安全防线、推动区域可持续发展做出重要贡献。因此，深入研究云南在澜湄区域生态安全合作中的角色与贡献，对于进一步推动整个区域的可持续发展具有重要意义。

一、提供应对全球跨境生态安全问题的“澜湄智慧”

跨境生态合作是当前国际间共同应对区域性生态问题的重要途径，澜湄流域的自然生态系统不受国界限制，开展跨境生态合作无疑是解决共同生态问题的最佳途径。跨境生态合作不仅能增强各国在生态保护领域的责任感和紧迫感，推动形成更加积极、有效的生态治理体系，还能通过促进各国间的技术交流与资源共享，通过构建多边双边合作机制，设立跨境生态合作项目，搭建跨境生态安全合作平台，推动参与主体共同研发和应用先进的生态治理技术，提高区域间生态保护的效率和质量。澜湄国家间生态安全领域的跨境合作是全球跨境生态安全中的一个重要缩影，云南通过参与澜湄国家跨境生态合作，能够推动澜湄国家将生态挑战转化为合作机遇，为跨境生态合作提供可供借鉴的经验智慧，为全球可持续发展贡献可供参考的“澜湄智慧”。

云南参与澜湄国家跨境生态安全合作的“澜湄智慧”体现在多个方面。首先在政策协调上，澜湄国家积极沟通，制定统一且适应区域生态特点的环保政策，避免因政策差异导致的生态治理漏洞。云南参与澜湄国家跨境生态安全合作的过程中，积极借助“一带一路”合作倡议与“澜湄合作机制”等平台，加强彼此间的合作深度与广度。当前全球的生态安全形势严峻，在应对全球环境问题上，充分地吸收并借鉴“澜湄智慧”的合作模式，能够推动各国加强政策沟通与协调，构建更加科学、合理、高效的全球生态治理政策体系，为全球生态环境的改善提供坚实的政策保障。其次在技术共享方面，云南与澜湄国家通过搭建科研合作平台，积极推动并开展生态保护与修复技术的研发与共享。在全球范围内，不同国家在生态治理技术上存在较大差异，“澜湄智慧”的技术共享模式为促进各国在生态治理技术上的交流与合作、进一步提高全球生态治理的科技水平提供了经验与借鉴。再者在资金支持上，澜湄国家通过设立跨境生态保护基金、搭建相关合作平台等方式，为生态合作项目提供了稳定的资金保障。全球范围内有关区域在进行跨境生态安全合作时，通过借鉴“澜湄智慧”的资金支持模式，进一步扩宽资金渠道，吸引政府、企业和社会资本的投入，为全球跨境生态安全合作提供充足的资金支持。最后在公众参与上，云南与澜湄国家通过开展生态环保宣传教育活动，提高公众的生态保护意识，鼓励公众积极参与生态保护行动。在全球范围内推广这种公众参与模式，能够激发全球内各个国家共同参与生态保护的积极性和主动性，形成全社会共同参与生态保护的良好氛围，为全球跨境生态安全合作奠定坚实的基础。

通过建立多层次、多领域的合作机制，云南与澜湄国家在政策支持、技术共享、公众参与等方面取得了显著成效，为其他地区开展跨境生态安全合作提供了宝贵经验。云南在参与澜湄国家跨境生态合作中所形成的“澜湄智慧”为全球的跨境生态安全合作提供了良好的借鉴，正逐渐成为全球跨境生态治理的典范。

二、维护澜湄流域生态安全与可持续发展

生态安全是经济社会持续健康发展的基础，是保障人类生命健康的重要前提。澜湄国家生态安全问题已对当地经济社会的持续健康发展造成了困扰，在面对生态安全领域中所面临的一系列挑战的过程中，中国准确把握澜湄流域生态安全形势与治理困境，多次强调维护区域生态安全的重要性。中国不仅在国际舞台上积极倡导生态合作，还通过一系列实际行动，发挥云南在应对澜湄生态安全问题中的突出优势和关键作用，为区域内的生态安全和可持续发展贡献力量。

中国作为负责任大国，积极寻求澜湄国家生态安全治理良策，主动应对澜湄流域生态挑战，致力于让良好生态环境成为当地经济社会持续健康发展的支撑点。云南地处澜湄流域的上游，其生态环境的健康状况直接关系到下游国家的生态安全和可持续发展。通过加强云南与澜湄国家的跨境环境保护合作，推动绿色可持续发展项目，不仅保护了澜湄区域的自然生态，还促进了区域经济的多元和

韧性增长。在生态旅游方面，云南与澜湄国家联合开发跨境生态旅游线路，打造世界级生态旅游目的地，吸引更多游客前来体验自然风光和民族文化，带动相关服务业发展。一方面举办旅游服务创优提质和市场秩序整治百日行动，培育壮大旅游业经营主体；另一方面深化农文旅融合，大力发展乡村旅游、跨境旅游、全域旅游，推进世界级旅游景区和度假区建设。此外，云南还计划建设“大香格里拉”户外运动发展集聚区、体验区，培育具有云南特色和国际影响力的品牌赛事。[①]总之，云南充分发挥其生态资源优势，推动生态旅游、有机农业等绿色产业的蓬勃发展，从而实现经济结构的优化升级，进一步促进了与澜湄国家的生态安全合作范围。在有机农业方面，云南与澜湄国家合作推广有机种植技术，建立有机农产品生产、加工、销售一体化产业链，打造区域有机农业品牌，提升农产品附加值。一方面积极推动高原特色农业增值增效，做实“六项重点工作”，加快建设高原特色现代生态农业基地；通过实施中药材产业高质量发展三年行动，努力培育一流现代产业，大力发展林下经济。[②] 另一方面云南还积极探索生态康养等新兴绿色产业，培育新的经济增长点。通过绿色经济转型，云南不仅实现经济效益和生态效益的双赢，还为区域绿色发展提供示范和借鉴。

云南作为中国面向南亚东南亚的辐射中心，在澜湄合作中具有独特的区位优势和生态优势。通过加强与澜湄国家在生态安全领域的合作，积极地参与区域生态治理，共同应对气候变化、生物多样性保护等挑战，为区域的绿色与可持续发展注入强大动力。云南与澜湄国家携手构建生态安全共同体，共同制定科学合理的生态保护规划和行动方案，加强生态环境监测和评估，及时发现和解决生态安全中所面临的问题。总之，加强云南与澜湄国家在跨境生态安全领域的合作，为澜湄流域内的生态安全与可持续发展提供了坚实保障，促进了区域经济社会与生态环境的协调发展。

三、筑牢云南生态安全屏障以促进国家安全

云南作为中国西南重要的生态屏障，其生态安全状况直接关系到国家的生态环境质量和生态战略布局。筑牢云南生态安全屏障，对于维护国家生态安全、促

---

① 王予波.政府工作报告[N].云南日报，2025-01-23(1).

② 王予波.政府工作报告[N].云南日报，2025-01-23(1).

进国家安全具有不可忽视的作用。

从生态系统的完整性来看，云南拥有丰富多样的生态系统，这些生态系统相互关联、相互依存，共同构成了一个复杂而稳定的生态网络。加强与澜湄国家的跨境生态安全合作，能够保障云南生态系统的完整性和连通性，防止生态系统遭到破坏和分割。例如，通过跨境保护生物廊道，让野生动植物能够自由迁徙和交流，维持生物多样性的稳定和生态系统的平衡。合作修复跨境生态脆弱区，防止土地退化和生物多样性丧失，也是云南与澜湄国家合作的重要方向。通过实施生态修复工程，如植树造林、湿地恢复等，云南与澜湄国家能够共同提升生态系统的稳定性和服务功能，为区域生态安全提供坚实保障。在应对全球性生态挑战方面，云南与澜湄国家的合作可以形成合力，共同应对气候变化、生物入侵等问题。气候变化对云南的生态环境产生了诸多影响，如气温升高、降水模式改变等。云南与澜湄国家通过建立完善的监测网络和信息共享平台，能够实时掌握跨境河流、森林等生态系统的动态变化，提前预警潜在的环境风险，为应急响应提供科学依据。共同制定和实施污染治理方案，为有效应对云南与下游国家跨境河流的污染负荷现象，保障水资源的清洁和可持续利用。加强跨境监测和防控，阻止有害生物的扩散，保护云南本土生态系统免受侵害。

云南在参与澜湄国家跨境生态安全合作的过程中，不仅有助于维护边境地区的生态安全，提升中国在国际生态治理领域的影响力，也为国家生态安全屏障的构建提供了坚实的保障。通过跨境生态合作，不仅提升了云南自身生态环境的保护，还为下游国家提供了生态支持，促进了区域生态系统的稳定性。通过跨境生态安全合作，澜湄国家共同打造绿色、安全、可持续的区域生态环境，为促进地区和平与稳定、推动构建澜湄国家命运共同体贡献了力量。

第二章　澜湄国家生态安全现状与跨境生态问题分析

澜湄国家在区域经济合作与发展中占据着举足轻重的地位,澜沧江—湄公河作为贯穿六国的重要水系,不仅滋养了沿岸的广袤土地,也促进了区域间的贸易往来与文化交流。随着全球化进程的加速,澜湄国家的经济一体化程度不断加深,六国间的经济合作项目日益增多,为区域经济发展注入了强劲动力。经济的快速发展往往伴随着对自然资源的过度开发与利用,生态环境承受着前所未有的压力。

中国作为澜湄国家的重要成员国之一,其经济规模与影响力在六国中首屈一指。中国的快速发展不仅带动了周边国家的经济增长,也为区域合作提供了广阔的市场与机遇。中国在享受经济发展带来的红利的同时,也面临着严峻的生态挑战。水资源的污染与过度开发、森林资源的退化与生物多样性丧失等问题日益凸显,成为制约中国经济可持续发展的瓶颈。

老挝、缅甸、泰国、柬埔寨和越南等国,尽管经济发展水平相对中国较低,但同样面临着生态环境保护的紧迫任务。这些国家的自然资源丰富,但长期以来,由于经济基础薄弱、技术水平落后,资源的开发与利用往往缺乏科学规划与有效管理,导致生态环境遭受严重破坏。例如,森林砍伐、土地退化、水资源污染等问题在这些国家普遍存在,严重威胁着区域的生态安全与可持续发展。

澜湄国家的生态环境问题不仅关乎六国自身的利益,也对全球生态安全产生深远影响。澜沧江—湄公河作为亚洲重要的跨国河流,其生态系统的健康与否直接关系到下游国家的用水安全与生态平衡。流域内的生物多样性资源极为丰富,是许多珍稀物种的栖息地,对维护全球生物多样性具有不可替代的作用。因此,加强澜湄区域的生态环境保护,不仅是六国自身发展的需要,也是履行国际责任与义务的体现。

第一节　澜湄国家生态系统概述

澜湄国家因其独特的地理位置和气候条件，孕育了丰富多样的生态系统。澜沧江—湄公河作为贯穿六国的重要水系，不仅是区域经济发展的重要支撑，也是生态系统多样性的重要体现。澜湄国家的生态系统主要由水资源生态系统、森林生态系统和生物多样性生态系统三大部分构成，各部分相互依存、相互制约，共同维持着区域的生态平衡。

一、水资源生态系统

澜沧江—湄公河起源于中国青海省唐古拉山脉的岗果日峰，河流上游流经我国的青海、西藏和云南，到下游后经过缅甸、老挝、泰国、柬埔寨、越南，最后经过越南胡志明市附近的湄公河三角洲而汇入南中国海[①]。澜沧江—湄公河是典型的南北河流，可划分为两部分：澜沧江位于中国西藏、云南境内，湄公河从中国云南出境至入海口。澜湄流域具丰富的生态资源，尤其是在水资源、森林资源、生物多样性资源等方面具有得天独厚的天然优势。

（一）水资源分布特点

澜湄国家地处亚洲东南部，水资源分布特点各异。中国水资源呈现南多北少的格局，南方水资源丰富而北方相对匮乏；越南水资源时空分布不均，雨季充沛但旱季缺水严重；老挝和柬埔寨水资源相对丰富，但开发程度较低；缅甸和泰国水资源则主要分布在北部山区，南部平原相对匮乏。这种分布不均对各国的水资源管理和利用提出了不同要求。

（二）水资源利用现状

就水资源利用情况而言，缅甸境内部分的湄公河水资源可开发量极少，其仅

① 文云冬. 澜沧江—湄公河水资源分配问题研究[D]. 武汉：武汉大学，2016.

有3%的流域面积以及2%的湄公河径流量贡献率，缅甸主要利用湄公河的航运和水电开发效益。老挝拥有湄公河大部分水力资源，水能储量十分丰富，97%的领土位于流域内，其对湄公河水资源的利用主要侧重于水电开发，但利用率不高。湄公河流域在泰国的部分主要是呵叻高原，高原中主要的河流为蒙河和栖河，泰国现开发利用方式主要为水电和灌溉，为了解决东北部地区的农业灌溉问题，泰国提出湄公河—黎河—栖河—蒙河（Khong-Loei-Chi-Mun）调水计划，但这项计划也引起了下游国家柬埔寨及越南的抗议，甚至引起了当地居民对于环境安全的担忧。柬埔寨的水利工程数量相对较少，且对支流的开发程度大于干流，列入湄公河委员会开发规划的主要是支流水电开发项目，预计灌溉面积为58万公顷。越南境内湄公河流域水能蕴藏丰富，一方面由于资金缺乏导致利用率低，另一方面，由于越南存在较为严重的海水入侵问题，需要消耗大量淡水资源，剩余可用水量较少，因此越南主要利用湄公河水资源进行农业灌溉。全流域水资源和水能资源开发利用率逐年上升，其中，老挝将加快水电开发节奏，其规划水电装机总量约占湄公河总装机容量的70%；泰国对湄公河水资源的开发利用主要是农业灌溉，其未来引水需求有增加趋势；柬埔寨和越南分别在湄公河干支流有水电规划，柬埔寨用水主要为保证其洪泛区土壤肥力，对湄公河雨季洪峰流量有较大需求，越南是湄公河流域灌溉面积最大的国家，旱季湄公河三角洲灌溉需水较多。[①]

（三）水资源面临的挑战

近年来，随着全球气候变暖，澜湄流域极端天气增多，气候变化导致澜沧江源区冰川退缩，旱季水量减少，下游农业灌溉和渔业资源萎缩。澜湄国家主要以农业种植为主，洪涝灾害的预防和干旱气候的应对长期以来都是流域水资源管理的重要问题，气候的变化导致全球气温上升，进一步加剧了流域内极端干旱事件发生的频率和严重程度。[②] 由于澜湄国家特殊的地理及水文条件，降水的时空分布极不均匀，加上沿岸各国的水库、堤坝等水利相关的基础设施建设发展不平衡，流域的洪旱灾害事件频发，对沿岸居民的生产和生活，甚至是生存带来很大的威胁。

---

① 孙周亮，刘艳丽，刘冀，等.澜沧江—湄公河流域水资源利用现状与需求分析[J].水资源与水工程学报，2018，29(4)：67－73.

② 徐豪，陈柳鑫，李琼芳.不同情境下公共流域水资源动态一体化调控：以澜湄流域为例[J].地理科学，2023，43(8)：1451－1462.

洪涝及干旱灾害目前已经是澜湄国家面临的主要水问题，同时，澜湄国家当前处于工业化、城市化高速发展期，加之农作物秸秆不合理焚烧，澜湄国家面临的PM2.5细颗粒物空气污染挑战日益严峻。六国面临着相同的挑战，例如工业化、城镇化和人口增长带来的水资源、能源、粮食需求压力增大，洪旱灾害频发，气候变化带来的不确定性，水利基础设施、滞后和水治理能力不足的问题。[①] 这些共同挑战对澜湄流域的生态环境压力造成了不小的影响，成为阻碍当地可持续发展的重要因素。

综合来看，澜湄国家在水资源方面面临着诸多挑战，包括水污染、过度开发、水资源分配不均等问题。这些问题的存在不仅影响了当地居民的生产生活，也对整个区域的生态环境构成了严重威胁。因此，加强澜湄国家在水资源管理方面的合作，共同应对水资源面临的挑战，对于促进区域经济社会发展和生态环境保护具有重要意义。

二、森林生态系统

森林资源作为地球上最重要的资源之一，是生物多样性的基础，能为生产、生活提供多种宝贵的木材和原材料，为人类经济生活提供多种产品。森林承担了调节气候、保持水土、净化空气、消除噪声及防止、减轻旱涝、风沙、冰雹等灾害的功能。

（一）森林资源概况

澜湄国家普遍拥有丰富的森林资源，这些资源在各国经济和社会发展中占据重要地位。森林不仅为当地居民提供木材、非木材林产品等经济资源，还承担着调节气候、保持水土、净化空气等生态功能。然而，不同国家的森林资源状况存在显著差异。

中国作为澜湄区域的重要成员国，其森林资源在澜湄六国中占据重要地位。中国拥有丰富的森林资源，森林类型多样，包括热带雨林、亚热带常绿阔叶林、温带针叶林等多种类型。尤其是在西南地区，如云南、广西等地，与澜湄流域紧密相

① 澜湄水资源合作部长级会议联合声明[EB/OL]. 2019 - 12 - 18. https://www.chinawater.com.cn/ztgz/hy/2019lmhy/4/201912/t20191223_742574.html.

连，是澜湄流域森林资源的重要组成部分。其中，云南被誉为“植物王国”，全国碳汇高地，森林类型丰富。云南森林覆盖率达 65.04%，森林蓄积量 20.67 亿立方米，林地面积 4.24 亿亩。① 其中，分布着大量亚热带常绿阔叶林、硬叶常绿阔叶林、热带雨林和季雨林等。② 中国在保护澜沧江流域采取了大量行动，基本搭建起了澜沧江流域自然保护地体系网络。广阔的空间林地不仅为当地提供了丰富的木材资源，还承载着重要的生态功能，如水源涵养、气候调节等。根据联合国粮农组织（FAO）的数据，2020 年柬埔寨拥有约 800 万公顷森林资源，占该国土地总面积的 44.7%。缅甸森林覆盖面积为 2 904 公顷，森林覆盖率为 42.92%（2015 年）。缅甸为世界上森林类型最为复杂、生物多样性最为丰富的经济体之一，目前已记录植物物种达 11 824 种，其中 1 071 种为缅甸特有种；用材树种共 2 088 种，其中有柚木、花梨、紫檀、楠木等优质、珍贵用材树种 85 种。缅甸柚木不仅质量上乘，而且蓄积量丰富，缅甸是世界上柚木产量最大的经济体，目前国际市场上 85%的柚木都是产自缅甸。2017 年根据老挝农林部的统计，林地面积为 1 781 万公顷，占国土总面积 75.2%，主要森林类型有混交落叶林（占 75%）、干旱常绿林（10%）、干旱龙脑香林（11%）和针叶林及针叶混交林（3%）。③ 老挝自然资源非常丰富，境内 80%为山地和高原，且多被森林覆盖，森林资源是老挝最重要的经济发展的重要资源之一，也是广大农村贫困人口赖以生存的重要食物和经济收入来源。橡胶树、水香树、桉树等种植一直以为都是老挝的重要经济来源，然而，老挝在橡胶种植过程中缺乏有效管理，大规模的土地资源被投入橡胶种植业导致了许多问题，尤其是造成了森林、河流和一些生态环境的变化等。④ 泰国拥有约 428 万公顷人工林和 104 万公顷混合用途林，此外还有 1 640 万公顷保护林，主要分为常绿林（约占森林总面积的 60%，包括热带常绿林、针叶林、沼泽林和海滩林）和

---

① 云南省林业草原局. 云南省“十四五”林草产业发展规划[EB/OL]. 2022-01-26. https://lcj.yn.gov.cn/html/2022/fazhanguihua_0126/65202.html.

② 曾觉民. 云南自然森林分类系统及地理分布研究[J]. 西南林业大学学报（自然科学），2018，38(6)：1-18，231.

③ 张婉洁，吴建辉，潘瑶，等. 老挝森林资源可持续发展探析[J]. 西南林业大学学报（社会科学），2022，6(3)：42-46.

④ 澜沧江—湄公河环境合作中心，中国—东盟环境保护合作中心，生态环境部对外合作与交流中心. 基于生计的澜湄流域生态修复案例研究[EB/OL]. 2020-12-06. extension://ngbkcglbmlglgldjfcnhaijeecaccgfi/http://www.lmec.org.cn/lmzx/lslmjh/lhyj/stxt/202109/P02021090256 4705905900.pdf.

落叶林(沿该国的干旱带分布)两种类型。① 木材加工产业在泰国经济中占据一定比重,不仅满足国内需求,还大量出口到国家市场。柬埔寨森林覆盖率 61.4%,盛产柚木、铁木、紫檀、黑檀等高级木材,木材储量约 11 亿多立方米。② 柬埔寨的森林资源主要分布在北部、东北部、东部部分地区和西南的大部分地区,南部和中部的森林覆盖呈零星点状分布。北部山区以生长常绿阔叶林为主,东部地区以落叶林为主,西南部高山地区则大多分布有针叶林。③ 根据越南农业和农村发展部(MARD)(2020 年)的数据,越南拥有约 1 460 万公顷林地,占该国土地总面积的 41.89%,原生林或其他自然再生林约为 1 029 万公顷,人工林约为 430 万公顷。越南森林分为三个主要类别,分别是生产林、防护林和特种用途林。其中,生产林覆盖率为 53.4%,包括天然林和人工林。④ 天然林大部分集中在中部高原和东南部、南部沿岸及北部沿岸地区,尤以中部高原地区最为集中,昆嵩、嘉莱及多乐等 5 个省共有天然林 284 万公顷。人工林主要分布在东北部、中北部及中南部沿岸地区。越南是东南亚主要的森林产品加工和制造中心,是一个林产品出口大国。

作为森林资源丰富的重要地区之一,澜湄流域国家面临森林和湿地生态被破坏的局面。其中有一个重要原因就是澜湄国家经济社会发展对自然资源的依赖程度较高,进而加剧生态破坏程度。湄公河流域人口密度高,土地和水资源开发以及乱砍滥伐使自然资源承受的压力不断上升,不断减少的森林资源导致气候变化问题愈发凸显,澜湄流域的森林和湿地是全球重要碳汇,森林资源减少削弱其固碳能力,加剧区域气候灾害。

(二) 森林砍伐与退化

澜湄国家人口密度高,土地和水资源开发以及乱砍滥伐使自然资源承受的压力不断上升,"森林作为木材生产和农村就业的重要来源,对流域保护全球碳平衡

---

① Timber Trade Portal. 泰国的森林资源和背景[EB/OL]. https://www.timbertradeportal.com/zh/thailand/130/country-context.

② 中国日报网. 跟着主席看世界 | 走进柬埔寨:首个同中国签署命运共同体行动计划的国家[EB/OL]. 2025-04-17. https://cn.chinadaily.com.cn/a/202504/17/WS68008fcda310e29a7c4a9b7c.html.

③ 丝路印象. 柬埔寨林业资源发展情况现状及其面临的挑战(柬埔寨林业资源现状与挑战)[EB/OL]. 2025-04-16. https://qifu.zcqtz.com/article/1006772.html.

④ Timber Trade Portal. 泰国的森林资源和背景[EB/OL]. https://www.timbertradeportal.com/zh/thailand/130/country-context.

具有重要影响，湄公河国家的森林资源丰富，产业以制造业为主，但由于建筑和家具行业的市场需求，森林被大面积砍伐”[①]。由于过度依赖自然资源的生产生活方式，农村贫困人口严重依赖森林资源，森林资源丰富的偏远农村和贫困地区人民通常使用传统刀耕火种的耕作方式，导致大量森林被砍伐，林地不断转变为农作或其他用地。由于流域国家对经济发展的需求，流域范围内木材和非木材森林产品遭到破坏、公路建设造成的毁林或森林破碎化、采矿和水力发电项目导致的森林砍伐以及高贫困水平而增加的森林开发，破坏当地生态系统，例如，老挝、柬埔寨等国的原始森林因橡胶、棕榈种植和采矿等积极活动而被大规模砍伐。不断减少的森林资源导致气候变化问题愈发凸显，澜湄流域的森林和湿地是全球重要碳汇，森林资源减少削弱其固碳能力，加剧区域气候灾害。

（三）森林保护与恢复措施

面对森林资源的严峻形势，澜湄国家开始采取一系列保护措施和恢复策略。各国高度重视森林资源的保护与恢复工作，纷纷出台了一系列政策法规。这些法规不仅明确了森林资源的法律地位和保护要求，还规定了相应的惩处措施，以有效遏制非法砍伐、非法占用林地等行为。中国实施了天然林保护工程，严格限制了对天然林的商业性采伐，有效保护了天然林资源。同时，中国还加强了执法力度，对非法砍伐、运输、加工木材等行为进行了严厉打击。泰国出台《森林法》和《植树造林法》对公有土地、私有土地和人工林的采伐许可程序进行规定，对“限制采伐树种”进行了定义，从而逐步保护森林资源。老挝则实施了“2020 年老挝林业战略”，旨在通过可持续管理森林资源、发展林下经济实现森林保护与经济发展的平衡。“2000 年以后，老挝政府整治乱砍滥伐问题，并辅以植树造林、森林保护等一系列生态政策，至 2020 年，老挝拥有 11.2 万平方千米森林，森林覆盖率逐渐增加至 47%。”[②]缅甸近年来加大对森林资源尤其是柚木等珍贵树种的保护力度，于 2018 年 9 月颁布的全新《森林法》强调了柚木的非国家所有权、社区林业权、反腐败和贿赂，并规定对违法行为给予更严厉的处罚。柬埔寨也采取了类似措施，加强对永久森林资产的监管，2002 年《森林法》规定，位于和源自永久森林保护区

① 韦红，张辰．中国与湄公河国家的生物多样性保护合作与澜湄生命共同体构建[J]．云南师范大学学报(哲学社会科学版)，2022，54(4)：145－156．

② 叶沙拿．“一带一路”背景下老挝木材产品出口竞争力研究[D]．哈尔滨：东北林业大学，2021．

的所有林产品和副产品均为国家财产，任何打算出于商业目的采伐林产品和副产品的行为都必须获得许可证。越南在森林保护方面取得了显著进展，针对所有天然林、保护林和特种用途林（非人工林）实施了一项伐木禁令，除人工林中的砍伐活动以及天然林和人工林中的“除害”伐和“卫生”伐活动之外，该禁令禁止其他一切伐木活动。这些措施有效提升了森林资源的管理水平，为区域生态环境的改善提供了有力支持。

澜湄国家在森林保护与恢复方面的合作也在不断深化。各国通过建立跨境保护区、共享森林管理经验以及开展联合执法行动，共同应对森林资源面临的挑战。中国已与缅甸、越南、老挝、柬埔寨签署了林业部门间合作协议，并建立了林业工作组机制。中国林科院作为中国林业和草原科学研究的国家队，近年来，借助各类合作交流平台和国家合作项目，与澜湄国家开展了良好合作，在林木良种培育、森林可持续经营和生态修复、林草相关产业发展、林业管理和科研能力建设等多方面取得显著成效。同时，各国还积极参与国际组织发起的森林保护倡议，争取更多的资金和技术支持，以推动区域森林资源的可持续发展。

三、生物多样性生态系统

澜湄国家是世界上生物多样性最丰富的区域之一，山水相连的生态环境使得中国与湄公河国家更加紧密地结合在一起，澜湄六国开展生物多样性保护合作对区域可持续发展和减贫等具有极高的现实意义。

（一）生物多样性的价值与意义

生物多样性是地球上生命多样性的总和，包括生态系统多样性、物种多样性和基因多样性三个层次。生态系统多样性主要指生境、生物群落及生态系统的多样性，如森林生态系统、草原生态系统、湿地生态系统等，是物种多样性和基因多样性的前提。[①] 物种多样性主要涉及动物、植物及微生物种类的丰富性，能为生物资源的开发利用提供基础。基因多样性主要指生物种群之内和种群之间的遗传结构的变异，能够为动植物培育提供丰富的育种材料。生物多样性是地球生命

① 王雪梅，曲建升，李延梅，等. 生物多样性国际研究态势分析[J]. 生态学报，2010，30(4)：1066－1073.

经过几十亿年发展进化的结果，作为人类赖以生存和发展的基础、经济社会可持续发展的条件以及生态安全和粮食安全的保障，生物多样性对人类生产生活、健康安全、经济社会发展提供重要物质基础。[①] 生物多样性保护一般有两种方式：一种是就地保护，即在物种的自然栖息地内对其进行保护和管理，以维持和恢复其种群数量和生态系统功能，如设立国家公园、自然保护区、野生动物保护区等，保护典型生态系统和濒危生物；建立连接不同保护区的生态走廊，促进物种迁移和基因交流；通过生态修复措施恢复退化的栖息地，使其重新适合物种生存。另一种是迁地保护，将物种从其自然栖息地迁移到人工控制的环境中进行保护和管理，迁地保护是就地保护的重要补充，主要用于保护濒危物种、恢复种群数量以及保存遗传资源。其中，就地保护是生物多样性保护的最主要方式。生物多样性不仅为人类社会提供了丰富的自然资源，如食物、药物、工业原料等，还是维持生态平衡、促进气候调节、水土保持等生态服务功能的关键。同时，生物多样性也是经济社会可持续发展的重要基础，对于保障生态安全和粮食安全具有重要意义。

（二）生物多样性的现状与挑战

作为全球范围内生物多样性最为丰富和多样的地区之一，澜湄国家蕴含着极为丰富的生物多样性资源，使得这一地区在全球生物多样性保护中占据着举足轻重的地位。

中国物种资源极为丰富，其中，云南就有众多珍稀物种，根据《有重要生态、科学、社会价值的陆生野生动物名录》(2023 版)，云南分布有 1 137 种野生动物。最具代表性的有亚洲象、滇金丝猴、云豹以及黑颈鹤等。为保护丰富的生物多样性资源，云南已经建立了国家公园、自然保护区、森林公园、地质公园等 11 种类型的自然保护地，这些保护区都是物种多样性和生态系统多样性的重要区域。越南被公认为是生物多样性最为丰富的区域之一，在全球生物多样性最为典型的国家中排名第 16 位。然而，近 50 年来，越南的生物多样性无论从数量还是质量上都已严重衰减。[②] 泰国动植物资源丰富，据 1997 年统计，泰国有高植株植物有 11 625 种，

---

① 曹秋梅，尹林克，王蕾，等. 新疆阿尔泰山两河源自然保护区珍稀濒危保护植物分布特征[J]. 干旱区资源与环境，2020，34(9)：137－142.

② 全联环境商会. 东南亚国家环境治理情况报告之越南[EB/OL]. 2024－09－12. https://mp.weixin.qq.com/s/sWRMUzyA1lZCEZg7i41E9Q.

其中有386种属于濒危植物。2002年，泰国有哺乳动物292种、鸟类938种，以及种类繁多的海洋生物。[①] 长期以来，泰国的生物多样性受到农业土地扩张和作物种植的威胁，加之旅游业的兴盛和矿山、水坝开发等活动，对泰国生物多样性造成极大的威胁。老挝茂密的森林与内陆河流是许多野生珍稀濒危动物和水生动物物种的重要栖息地，如亚洲象、孟加拉虎、云豹等。为了有效控制边境非法野生生物贸易，促进边境地区生物多样性保护及保护能力，老挝积极与毗邻的中国、泰国、越南等国合作，划定了“跨境联合自然保护区域”，扩大了保护区域动、植物物种基因库范围，对增加物种种群数量和抵抗外界干扰起到了有效的作用。柬埔寨天然林面积广大，生物多样性丰富，是西北亚次大陆生物多样性32个热点地区之一，亚洲开发银行评选出的大湄公河次区域9个最高等级的生物多样性保护走廊中，柬埔寨即占有5个。

澜湄流域是生物物种丰富的地区，也是世界上最有价值、最多产和最具多样性的淡水渔场，澜湄流域拥有众多特有鱼类和底栖生物，其中包含许多为特有物种，这些生物对维持流域生态系统平衡至关重要。近年来，随着水电开发和航运发展，许多鱼类栖息地遭到严重破坏，导致一些物种濒临灭绝。湄委会理事会主持的“湄公河可持续管理和开发研究”显示，到2040年干流系列大坝将使湄公河从泰国清盛到柬埔寨桔井的河段变成类似于湖泊的栖息地，不适于一些河流生物种群的生活繁衍，而洪水脉冲系统减弱和栖息地丧失，会威胁稀有和濒危物种的生存，具有重要商业价值鱼类的未来收成可能会大幅减少。[②] 除了水坝建设、水污染等因素外，贫困也是森林资源减少的重要原因之一，“澜沧江—湄公河流域居住有3亿多居民，几乎20%的总人口生活在国家贫困线以下”[③]，高比例的贫困人口和落后的生产生活方式使得生物多样性受人类活动影响较大，进一步加剧了生物多样性的丧失趋势。

---

① 全联环境商会. 东南亚国家环境治理情况报告之越南[EB/OL]. 2024-09-12. https://mp.weixin.qq.com/s/sWRMUzyA1lZCEZg7i41E9Q.

② 屠酥. 澜湄水资源安全与合作：流域发展导向的分析视角[J]. 国际安全研究，2021，39(1)：63-89，155-156.

③ 澜湄环境合作中心. 基于生计的澜湄流域生态修复案例研究[EB/OL]. 2021-07-20. http://www.lmec.org.cn/lmzx/lslmjh/lhyj/stxt/202109/t20210902_123481.html.

第二节　跨境生态问题的表现与影响

澜湄国家的跨境生态问题复杂多样，对区域生态安全和经济社会发展构成了严重威胁。水资源分配与利用冲突、生物多样性跨境威胁以及环境污染跨境传播是当前澜湄国家面临的三大跨境生态问题。这些问题不仅影响流域内的生态系统平衡，还可能导致国际争端和社会不稳定。水资源的过度开发和不合理利用，直接影响了河流的自然流动状态和下游国家的用水安全。生物多样性的丧失则削弱了生态系统的自我调节能力和恢复力，增加了自然灾害的风险。而环境污染的跨境传播则进一步加剧了澜湄国家在水资源、食品安全和旅游业等方面的压力。面对这些跨境生态问题，澜湄国家需要加强合作，共同制定和执行跨境生态保护政策，加强环境监测和预警系统建设，提升应对跨境生态问题的能力。通过加强区域合作与交流，澜湄国家有望共同应对跨境生态挑战，维护区域生态安全，促进经济社会的可持续发展。

一、跨境水资源分配与利用冲突

跨境水资源在全球分布广泛，是许多国家和地区经济社会发展的重要基础。“跨界水资源是一种公共资源，具有受益的非排他性和消费的竞争性，资源是稀缺的和有限的，但每个理性自利的主权国家都会希望自己尽可能多地使用跨界水资源增加自身效益，而不承担成本，这样就有很大可能会引发公地的悲剧和集体行动的困境。”[①]澜湄国家因水而生，水资源合作治理成为澜湄国家进行跨境合作治理的优先领域。目前，澜湄国家在水资源领域确定的合作机制较多，但在开发利用与保护方面容易存在分配与利用冲突，其中就表现为政治互信不足、域外势力干预、磋商结果难以统一等问题。

---

① 张瑜.国际公共产品视阈下的澜沧江—湄公河水资源合作[D].北京：外交学院，2019.

（一）政治互信不足

泰国和柬埔寨作为澜湄国家的重要农业国，农业生产高度依赖湄公河的水资源，严重影响着当地农民的生计和国家粮食安全，在旱季，各国对于湄公河水资源的需求都急剧增加，但水资源总量有限。不同国家基于自身发展和民生需求，在水资源的分配上产生了分歧。一方面，上游国家希望优先保障本国的农业灌溉用水，而减少对下游国家的放水量；另一方面，下游国家则指责上游国家过度开发水资源，影响了自身的用水权益。他们认为，上游国家为了发电、防洪、灌溉等目的修建的一些水利设施，在旱季对下游水流产生了影响，这些水利设施的调度和运行没有充分考虑整个流域的利益，加剧了下游的水资源紧张局面，从而引发了关于水利设施建设和运行规则的争议，加剧信任危机和跨国水资源争端。面对这些争议，湄公河委员会作为协调湄公河水资源开发利用与保护的区域合作组织，在应对此类危机中发挥了一定作用，组织成员国积极寻找解决方案，然而，由于各国的经济发展水平、水资源需求和利益诉求存在较大差异，在具体的应对措施和责任分担上很难达成完全一致。[①] 此外，一些非流域国家在该地区也有经济和战略利益，这也增加了跨境水资源争端协调解决的复杂性。

（二）域外势力干预

澜湄国家因水而生，水资源现状呈现出自然禀赋丰富但开发利用矛盾突出、区域合作深化与外部干预并存的复杂特征。在澜湄区域过去的合作机制中，除大湄公河次区域经济合作和东盟—湄公河流域开发合作等少数合作机制外，多数都由域外国家或组织机构主导，但域外国家主导的合作机制存在突出的利益矛盾。[②] 一方面，域外行为主体之间存在利益矛盾。不同行为主体间在本区域的利益诉求有所不同，各利益主体为确保自身利益时常进行博弈，影响流域的整体合作效果，各行为主体的不同利益和关注点导致各合作机制之间存在竞争和缺乏信任，影响了实际合作效果。另一方面，西方发达国家的环保至上主义与域内社会经济发展需求之间存在矛盾。域外国家主导的合作机制会更多地体现发起者的

① 孙周亮，刘艳丽，刘冀，等. 澜沧江—湄公河流域水资源利用现状与需求分析[J]. 水资源与水工程学报，2018，29(4)：67－73.

② 任俊霖，彭梓倩，孙博文，等. 澜湄水资源合作机制[J]. 自然资源学报，2019，34(2)：250－260.

理念和意图，本地区合作者的实际需求易被忽视和弱化。受外国资金和技术支持的合作机制，在关注领域、合作模式和项目内容等方面都受其影响和限制。[①] 此外，一些域外国家会在本流域炒作"中国水坝威胁论"和"中国环境破坏论"，宣称中国在澜沧江修建大坝等水利工程的行为制造了澜湄地区的水资源安全问题。湄公河国家在域外大国的外交攻势之下，因为与邻国存在使用湄公河方面的利益矛盾，结合自身的利益诉求，希望和域外大国开展一定形式上的合作，以期提升自身的战略利益，同时域外大国利用此机会介入流域的水资源治理，一定程度上影响了地区利益格局和安全稳定。[②]

（三）磋商结果难以统一

虽然澜湄国家在水资源的开发与利用中达成了一定的协调，例如达成了《湄公河流域持续发展合作协定》，但各国仍然存在开发分歧，尤其是在水资源的利用与保护方面。其中就表现为各国对于水资源的利用侧重领域有所不同，中国主要侧重于在澜沧江段开发水能资源，建立水电站，在水电开发方面，现已在干流规划建设的大型水电站共有 8 座，但实际开发程度较低，平均水力资源开发利用率仅为 8.7%。[③] 老挝作为产水量最多的国家，水流量占湄公河总流量的 35%，水资源更多地用于农业灌溉，同时作为内陆国，老挝也希望能够开发水能和航运。泰国东北部是干旱区，需要大量灌溉，并且对于农田用水需求量极大，其农业（含渔业）年用水量仅次于越南。柬埔寨的洞里萨湖是重要的调节区，湿季蓄水，枯季释放，所以对上游的洪水来量有需求。由于湄公河主要以老挝和缅甸界河的形式流经缅甸，且流程较短，因而缅甸水资源可利用量较少。[④] 由此可以看出，上游国家以水能开发为主导，中下游国家则依赖农业灌溉和生态保护，国与国之间、各领域之间较难协同并进，中缅合作侧重于林业保护，中老合作关注野生动物迁徙，柬泰合作关注山地生态，湄公河下游国家关注流域生态，如此一来，澜湄国家"因水结缘"

① 任俊霖，彭梓倩，孙博文，等. 澜湄水资源合作机制[J]. 自然资源学报，2019，34(2)：250 - 260.

② 邢伟. 澜湄流域水资源多层级治理分析[D]. 北京：中共中央党校，2020.

③ 孙周亮，刘艳丽，刘冀，等. 澜沧江—湄公河流域水资源利用现状与需求分析[J]. 水资源与水工程学报，2018，29(4)：67 - 73.

④ 孙周亮，刘艳丽，刘冀，等. 澜沧江—湄公河流域水资源利用现状与需求分析[J]. 水资源与水工程学报，2018，29(4)：67 - 73.

的生态一体性便弱化了，较难达到区域协同的目的，反而加大磋商难度。因此，对于跨境水资源的保护、利用与开发，各国在水资源的需求上是不同的，这就导致了各国在协商过程中难以避免会导致矛盾与冲突，对于跨境水资源的保护、利用与开发，需要协调六国利益需求，强化国际合作机制，平衡水电开发与生态保护，才能推动全流域可持续发展。

跨境水资源分配与利用冲突是澜湄国家面临的重要生态问题之一。这种冲突不仅影响流域内的生态系统平衡，还可能引发国际争端和社会不稳定。因此，澜湄国家应进一步加强在水资源管理方面的合作，通过签订协议、建立机制和加强技术交流等方式，共同应对跨境水资源挑战，维护区域生态安全。各国也应根据自身实际情况，制定合理的水资源政策，平衡经济发展与生态保护的关系，实现可持续发展。

二、生物多样性跨境威胁

澜湄国家地处亚洲东南部，拥有丰富的生物多样性资源，这些资源不仅是各国自然遗产的重要组成部分，也是维持区域生态平衡、促进经济社会可持续发展的关键。跨境生物多样性威胁日益凸显，成为澜湄国家共同面临的重大挑战。这些威胁的原因多样，表现形式复杂，对生态系统和人类社会均产生了深远影响。

（一）物种入侵加大治理难度与范围

生物多样性资源作为澜湄国家丰富资源的代表之一，由于边境线绵长，高山相连，河流相通，生态系统多样且相互连通，导致物种入侵的范围并不局限于单个国家，而是跨越国界，扩散至周边国家。并且，随着全球经济一体化的发展，澜湄国家之间的贸易往来日益频繁，这也为外来物种的传播提供了更多途径，物种自然迁移的屏障被打破，许多外来物种通过货物运输、对外贸易的方式进入澜湄地区。一些外来入侵物种适应能力强，在新环境中迅速繁殖，挤压本地物种的生存空间，造成本地生物多样性的下降。例如，澜湄流域温暖湿润的环境有利于农业害虫入冬，到春天则会迁飞入我国这使得我国农作物面临更大的虫害威胁。[①] 跨

① 新京报.中国—东南亚跨境作物重大病虫害主动防御屏障体系建成[EB/OL].2025－04－01. https://ipp.caas.cn/mtjj/74dde0dbc2ca497983330c4a6ec38d25.htm.

境物种入侵的治理不仅需要各国在边境地区加强防控，还需要对整个生态系统进行综合管理，这意味着治理范围的扩大和治理任务的加重，而目前澜湄国家在跨境生态系统综合管理方面的经验和能力还相对薄弱，这也成为摆在各国面前亟待解决的难题。

（二）治理法治模式不健全

法律作为解决生物多样性保护问题的有效手段，由来已久。法治对于生物多样性保护重要性不言而喻，对于明确六国治理规则、保障权益、推动国际合作以及保持长效治理至关重要。“澜湄流域客观存在的地理位置和动植物生长状况、栖息地和生态系统存在状况需要流域内国家开展合作，跨界物种种类繁多仅靠一国之力无法实现生物多样性保护。”[①]基于这些地理特征、栖息地跨境等现实，对法制提出了更高度的要求。截止到目前，澜湄国家都制定了相应的生物多样性保护法规，对当地生物多样性起到一定程度的保护作用。例如，老挝《野生动物保护法》、柬埔寨《自然保护区法》等国内法禁止盗猎濒危物种。然而，澜湄国家在法治模式上存在较大差异且出现法治不健全的现象。例如，“柬埔寨在 2002 年颁布的《森林法》中第十章对野生动物保护做出了规定，但鱼类和水生生物却不在保护之列。越南常年野生动物非法交易泛滥，但直到 2020 年 7 月才颁布野生动物进口禁令。”[②]而且，在一些新兴的生物多样性保护领域，如基因资源保护等，各国的法治建设普遍滞后，缺乏前瞻性的立法，难以应对不断变化的生态问题，进一步凸显了澜湄国家法治模式不健全对生物多样性保护带来的挑战。这说明，目前澜湄流域的法制建设还难以满足生物多样性跨境保护的实际需求。

（三）跨境特征加剧立法共治难度

澜沧江—湄公河是一个连续完整的生态系统，其生物多样性不受国界限制。跨国界的河流、山脉等地理单元承载着相似或相互依存的生态群落，许多物种会在不同国家的栖息地间迁徙、繁衍。澜湄流域内的湿地、森林等生态系统相互关

---

① 刘旭．澜沧江—湄公河流域生物多样性保护国际合作的原因、基础与路径选择[J]．广西大学学报(哲学社会科学版)，2021，43(6)：119－126．

② 韦红，张辰．中国与湄公河国家的生物多样性保护合作与澜湄生命共同体构建[J]．云南师范大学学报(哲学社会科学版)，2022，54(4)：145－156．

联，形成了一个有机整体，山脉作为重要的水源涵养地和生物迁徙通道，其生态状况也对周边地区产生深远影响，这意味着任何一个国家的生物多样性减少都可能通过这些地理单元传导至其他国家，因此，任何一个国家的保护行动都可能影响到整个流域的生态状况，需要各国共同协作。并且，要使不同国家、不同语言、不同政治体制和文化背景的合作者参与进来进行有效的合作是一项巨大的挑战。[①]这就加剧了跨境保护的立法难度。

生物多样性跨境的特点要求澜湄国家需要制定一部具有整体性、系统性的关于生物多样性的专项法规以取得更好的保护效果。生物多样性立法涉及不同领域，例如，澜湄流域的穿山甲、象牙、虎骨、犀牛角等濒危物种会通过缅甸、老挝等边境走私至中国和东南亚国家，加剧种群崩溃风险，这些问题不仅涉及生态保护，还涵盖非法贸易、走私等多方面，因此制定一部完整的、综合性的生物多样性的法律是形成完整的立法体系的前提。但由于涉及的国家多，且各国经济水平不一样、利益诉求不同、执法制度差异等背景下，要制定行之有效的法律体系面临较大挑战。

三、环境污染跨境传播

在澜湄国家，环境污染的跨境传播已成为一个不容忽视的问题，其传播路径复杂多样，对环境和社会经济发展的负面影响深远。污染物的跨境迁移主要通过河流、大气、土壤等途径实现。澜湄国家拥有众多跨境河流，这些河流既是水资源共享的基础，也成为污染物跨境传播的主要通道。

（一）水体污染跨境传播

澜湄国家拥有众多跨境河流，这些河流既是重要的自然资源和生态走廊，也是水体污染跨境传播的主要通道。工业废水、农业污水以及生活污水未经妥善处理便排入河流，导致水质严重恶化。这些被污染的水体随着河流流动，跨越国界进入下游国家，对其水生生态系统、饮用水安全以及农业灌溉等造成直接威胁。水体污染跨境传播不仅破坏了跨境河流的自然净化能力，还加剧了区域水资源管

① 石龙宇，李杜，陈蕾，等. 跨界自然保护区：实现生物多样性保护的新手段[J]. 生态学报，2012，32(21)：6892-6900.

理的复杂性。中国作为澜沧江的发源地，中国的水体污染，尤其是工业废水和生活污水的排放，直接影响澜沧江的水质。这些污染物随着河流流向下游国家，对缅甸、老挝、泰国、柬埔寨和越南的水生生态系统构成威胁。缅甸、老挝、泰国、柬埔寨、越南这些国家作为澜沧江—湄公河的流经地，不仅受到本国污染排放的影响，还承受着来自上游国家的水体污染压力。老挝、缅甸水环境就受本国经济社会发展的严峻影响，随着城镇化的推进，两国城市污水排放量增长快，城市基础设施建设薄弱使得污水管网收集系统建设滞后，污水处理和排污设施缺乏。同时，污水治理投入资金、技术及人员能力严重不足，大量生活污水和工业废水直接排放，严重影响居民的正常生产和生活，导致城市水环境逐年恶化。2013 年老挝全国工业废水排放量为 200.7 亿吨，城镇生活污水排放量为 227.7 亿吨，生活污水 COD 排放量比上年增长 8%，而全国城市污水处理率只有 34.3%。[①]

（二）大气污染跨境扩散

大气污染物的跨境扩散在澜湄国家同样显著。随着工业化和城市化进程的加速，各国工业排放、汽车尾气、农业焚烧等活动释放的大量污染物不断积聚。在季风等气象条件的影响下，这些污染物可轻松跨越国界，导致区域性的空气污染问题。大气污染跨境扩散不仅影响了各国的空气质量，还对人体健康构成直接威胁，增加了呼吸道疾病、心血管疾病等的发生率。此外，大气污染还可能通过酸雨等形式对土壤和水体造成二次污染，进一步加剧环境污染的跨境影响。2024 年 8 月澜湄合作第九次外长会在泰国清迈举行，会上，六国代表团一致认为，澜湄地区正遭受日益严重的空气污染特别是细颗粒物（PM2.5）污染问题，损害民众健康，并造成生态、经济和社会影响。六国重申加强地区合作以减轻 PM2.5 影响、维护公众健康的重要性。强调各级政府在应对空气污染问题中的作用，鼓励其充分发挥各自优势，加强次区域和区域交流合作。[②] 为缓解地区空气污染问题，中国通过澜湄合作专项基金及其他资金渠道采取务实行动，推出“跨境雾霾空气质量监测和评价”项目帮助缅甸获取空气质量基准数据，实现移动空气质量监测，开展了

① 澜沧江—湄公河环境合作中心. 老挝、缅甸水污染与环境管理情况调查报告[EB/OL]. 2020-12-06. http://www.lmec.org.cn/lmzx/lslmjh/lhyj/shj/202109/P020210902580686795755.pdf.

② 新华社. 澜湄清洁空气倡议联合声明（摘要）[EB/OL]. 2024-08-17. https://app.xinhuanet.com/news/article.html? articleId=559fc9b36487364398bb25fa2e6a2295.

知识技能综合培训，有效提升缅环境部门监测能力，增强民众对跨境雾霾的认识，助力跨境雾霾防治工作。① 泰国随着工业化和城市化的快速发展，大气污染排放显著增加，包括工业废气、汽车尾气等，在季风等气象条件的作用下，这些污染物容易跨境扩散，影响周边国家的空气质量。老挝、缅甸和柬埔寨，虽然这些国家的工业污染相对较少，但农业焚烧、生物质燃烧等活动产生的大气污染物同样会对周边国家造成一定影响。在澜湄合作基金支持下，2022—2024 年澜沧江—湄公河环境合作中心和生态环境部对外合作与交流中心通过实施绿色澜湄计划，推出大气环境质量提升示范合作项目，向老挝、柬埔寨、缅甸等湄公河国家提供便携式空气质量监测仪，开展监测设备技术指导培训，加强和提升澜湄国家区域大气环境监测与治理能力。②

（三）土壤污染跨境迁移

土壤污染物的跨境迁移是环境污染跨境传播的另一个重要方面。澜湄国家区域内的农业活动、工业生产等过程中产生的重金属、农药残留等污染物，可能通过地表径流、风力迁移等方式进入相邻国家的土壤系统。这些污染物在土壤中积累，不仅破坏了土壤结构，降低了土壤肥力，还可能通过食物链传递，对农产品安全构成威胁。土壤污染的跨境迁移不仅影响了区域农业生产的可持续性，还可能对食品安全和人类健康造成长期负面影响。在澜湄国家中，一些地区农业活动频繁，农药和化肥的过度使用导致土壤污染严重。从 2009 年到 2014 年期间，缅甸运用于农业的化学药剂不断增加，自然水体污染加剧，导致缅甸国内居民饮用水问题成为亟待解决的问题之一。据统计，缅甸境内 34.5％的人在家中进行饮用水处理：用布进行的水处理率为 76.2％，煮沸的为 1.4％，滤水器的为 0.6％。还估计有 12.2％的人口无法饮用干净的饮用水，不安全的饮用水覆盖率仅为 33.1％。③ 这些污染物可能通过地表径流、风力迁移等途径进入相邻国家的土壤

① 中国驻缅甸大使馆. 澜湄“跨境雾霾空气质量监测和评价”项目结项[EB/OL]. 2024 - 06 - 05. http://www.lmcchina.org/2024-03/05/content_42720778.htm.

② 澜沧江—湄公河环境合作中心. 绿色澜湄计划：大气环境质量提升示范合作项目交接证书签署仪式顺利举行[EB/OL]. 2023 - 09 - 20. http://www.lmec.org.cn/lmzx/lmzxxw/202309/t20230920_132665.html.

③ 澜沧江—湄公河环境合作中心. 老挝、缅甸水污染与环境管理情况调查报告[EB/OL]. 2020 - 12 - 06. http://www.lmec.org.cn/lmzx/lslmjh/lhyj/shj/202109/P020210902580686795755.pdf.

系统,对下游国家的农产品安全和土壤生态造成潜在威胁。在矿产资源丰富的地区,采矿活动可能导致重金属等污染物渗入土壤,进而通过水体或风力迁移至相邻国家,引发跨境土壤污染问题。

近年来,瑞丽市立足沿边区位实际,积极探索和建立中缅边境地区环境交流合作机制,努力推动《中国瑞丽—缅甸木姐环境友好城市合作备忘录》签署,共同推进农村环境、国际跨境河流、共建自然保护区和边境环境合作长效机制等。为了解决中缅银井—芒秀片区中缅边民生活污水污染、垃圾污染等相互影响的问题,在《中国瑞丽—缅甸木姐环境友好城市合作备忘录》下,积极实施了瑞丽国家重点开发开放试验区中缅银井—芒秀农村环境综合整治示范项目,项目建成 2 吨/天生活垃圾热解站、生活垃圾收集系统和集中式污水处理系统,完成一寨两国国界沟和喊沙大沟污染治理工程,解决了长期困扰两国边民的生活用水和垃圾污染等环境问题。[①]

① 澎湃新闻.瑞丽深入开展中缅生态环境保护交流合作[EB/OL]. 2019 - 10 - 21. https://m.thepaper.cn/baijiahao_4745764.

第三节 跨境生态问题的应对策略

在应对跨境生态问题时，澜湄国家采取了多维度的策略，包括建立国际合作机制、加强政策法律建设、推动技术交流与培训、增加资金投入、构建监测评估体系、促进社区参与和公众教育，以及加强与国际社会的合作。这些措施旨在通过加强区域间的协调与合作，共同应对水资源分配、生物多样性保护及环境污染等跨境生态挑战，维护区域生态安全，促进澜湄区域的可持续发展。

一、国际合作机制

澜湄国家在生态保护方面的国际合作机制是应对跨境生态问题、维护区域生态安全的重要途径。近年来，随着澜湄合作机制的不断深化，各国在生态保护领域的合作也日益紧密。

（一）合作项目与信息共享

通过一系列的合作项目和信息共享平台，澜湄国家正在逐步构建起一套行之有效的生态保护国际合作体系。澜湄国家在生态保护合作方面已经开展了一系列实质性的项目，涵盖了水资源管理、森林保护、生物多样性保护等多个领域。例如，在水资源管理方面，澜湄国家共同推进了跨境河流的水质监测和保护项目，通过设立联合监测站、共享水质数据等措施，有效提升了跨境水资源的保护水平。在森林保护方面，各国合作开展了森林生态系统恢复与重建项目，通过植树造林、森林病虫害防治等措施，共同维护了区域的森林生态系统。在生物多样性保护方面，澜湄国家加强了对濒危物种的保护力度，通过建立自然保护区、开展物种繁育研究等措施，有效遏制了生物多样性的丧失趋势。

信息共享平台在澜湄国家生态保护合作中发挥着举足轻重的作用。为了加强各国之间的信息交流与合作，澜湄国家共同建立了生态保护信息共享平台。这一平台不仅涵盖了各国的生态保护政策法规、技术标准等信息，还提供了跨境生态问题的监测数据和预警信息。通过这一平台，各国可以及时了解跨境生态问题的最新动态，共同商讨应对策略。信息共享平台还为各国提供了技术交流和培训的机会，促进了生态保护技术的传播与应用。

（二）多边机制与政策协调

澜湄国家在生态保护合作中还注重发挥多边机制的作用。澜湄合作机制作为区域合作的重要平台，为各国在生态保护领域的合作提供了有力的制度保障。通过澜湄合作机制，各国可以就生态保护问题展开深入讨论，共同制定合作规划和实施方案。澜湄合作机制还促进了各国在生态保护领域的政策协调与对接，为区域生态安全的维护提供了有力支持。澜湄国家在生态保护合作中还面临着一些挑战。例如，各国在生态保护方面的法律法规、技术标准等存在差异，这在一定程度上影响了合作的深入开展。跨境生态问题的复杂性和不确定性也给合作带来了不小的难度。为了克服这些挑战，澜湄国家需要进一步加强沟通与协调，推动各国在生态保护领域的法律法规和技术标准的对接与统一。各国还需要加大对跨境生态问题的研究力度，提高监测预警和应急处置能力，共同应对区域生态安全面临的挑战。

澜湄国家在生态保护方面的国际合作机制已经取得了显著成效。通过一系列的合作项目和信息共享平台，各国在生态保护领域的合作日益紧密。未来，澜湄国家应继续深化生态保护合作，加强沟通与协调，共同应对跨境生态问题带来的挑战，为区域生态安全的维护作出更大贡献。各国还应积极探索新的合作模式和方法，推动生态保护国际合作机制的不断完善与发展。

二、政策建议

（一）法规建设与资金投入

针对澜湄国家跨境生态问题治理，在法律法规制定方面，澜湄国家应加强跨境生态保护的法制建设，共同制定或完善跨境生态保护法律法规，明确各方责任与义务。这包括建立跨境水资源保护法规，规范水资源开发和利用行为，防止过度开发和污染；制定跨境森林保护法律，加大对非法砍伐、森林火灾等行为的打击力度；以及建立跨境生物多样性保护法规，保护濒危物种及其栖息地，防止生物多样性的进一步丧失。通过法制手段，为跨境生态保护提供坚实的法律保障。在资金投入方面，澜湄国家应加大对跨境生态保护的财政投入，设立专项基金支持跨境生态保护项目。鼓励社会资本参与跨境生态保护，拓宽融资渠道，形成多元化的投入机制。通过资金投入，为跨境生态保护提供坚实的经济基础，推动各项保护措施的落实。

（二）技术交流、监测评估与公众参与

技术交流与培训是提升澜湄国家跨境生态问题治理能力的重要途径。各国应加强在生态保护技术、水资源管理、森林保护、生物多样性监测等方面的交流与合作，共享成功经验和技术成果。开展跨境生态保护技术人员培训，提升基层执法人员和专业技术人员的业务能力和综合素质。通过技术交流与培训，推动澜湄国家在生态保护领域的合作与互鉴，共同提升跨境生态问题治理能力。澜湄国家还应加强跨境生态监测与评估体系建设，建立统一的跨境生态监测网络和评估标准，实现对跨境生态状况的动态监测和定期评估。通过监测与评估，及时发现跨境生态问题，为制定和调整保护措施提供科学依据。加强跨境生态信息共享平台建设，实现信息共享和协同管理，提高跨境生态保护工作的效率和水平。在推动澜湄国家跨境生态问题治理的过程中，还应注重社区参与和公众教育。鼓励社区居民积极参与跨境生态保护，提高公众的环保意识和参与度。通过社区参与和公众教育，形成全社会共同关注和支持跨境生态保护的良好氛围，推动澜湄国家跨境生态问题治理工作的深入开展。澜湄国家还应加强与国际社会的合作与交流，借鉴国际先进经验和技术，提升跨境生态保护水平。通过参与国际环保组织和活动，加强与其他国家在跨境生态保护领域的交流与合作，共同应对全球性生态挑战。积极履行国际环保义务和承诺，展现澜湄国家在跨境生态保护方面的责任感和担当。加强澜湄国家跨境生态问题治理需要多管齐下，从法律法规制定、技术交流与培训、资金投入、监测与评估体系建设、社区参与和公众教育以及国际合作与交流等方面入手，全面提升跨境生态保护能力。通过这些政策建议的实施，澜湄国家将能够更好地应对跨境生态问题挑战，共同维护区域生态安全，推动澜湄合作向更高水平发展。

澜湄国家在生态保护与跨境生态问题解决方面，面临着既充满机遇又极具挑战的未来。随着全球气候变化和区域经济一体化的加速，澜湄区域作为亚洲重要的生态屏障和经济合作区，其生态安全状况直接影响到区域内国家的可持续发展和人民福祉。从当前趋势来看，澜湄国家在生态保护上的共识日益增强，国际合作机制不断完善，为未来的生态保护工作奠定了坚实基础。

第三章 “共生理论”视域下澜湄国家跨境生态安全合作的路径

2024年，习近平总书记在新时代推动西部大开发座谈会上发表重要讲话，他强调：“要坚持以高水平保护支撑高质量发展，筑牢国家生态安全屏障。优化国土空间开发保护格局，加强生态环境分区管控，加快推进重要生态系统保护和修复重大工程”①。生态安全屏障作为保护内部生态系统免受外部环境侵扰的边界区域，构成了保护区内生态环境多层次、有序且稳定的结构，边疆地区的跨境生态安全合作是构建这一屏障的关键一环。跨境生态安全主要涵盖资源安全与环境安全两大方面，其中尤为关注的是国家之间在资源分配、权益保障、灾害防治、边境管理以及生态维护等领域内的合作问题②。地处澜沧江—湄公河流域的澜湄各个国家在跨境生态保护方面存在着紧密的联系。澜湄各国以共同利益为前提和出发点，已在经济、社会、政治以及生态发展等领域展开了深层次的合作。近年来，跨境生态安全合作成为澜湄国家关注的重要方向，其成功实施需要各国的共同努力。通过加大澜湄国家在生态安全方面的合作力度，不仅对澜湄跨境地区的生态环境保护产生十分重要的影响，同时也促进了澜湄各个国家在生态环境保护方面的交流与合作。

共生理论，起源于生物学领域，其指的是异质共生生物在其生存过程中会表现出相互依存的关系③。该理论不仅强调澜湄各国在地缘关系、历史联系以及文化渊源方面的互补性，还凸显了彼此在利益共享上的协同性。澜湄国家跨境区域的生态安全合作由多元化的共生要素组成，包括了“共生单元”“共生模式”以及

① 新华社.习近平主持召开新时代推动西部大开发座谈会强调 进一步形成大保护大开放高质量发展新格局 奋力谱写西部大开发新篇章 李强 蔡奇 丁薛祥出席[J].中国民族，2024(4)：7-9.

② 何大明.跨境生态安全与国际环境伦理[J].科学，2007，59(3)：14-17.

③ 马航，刘琳.基于共生理论的城市边缘古村的保护性更新策略研究：以深圳凤凰古村为例[J].现代城市研究，2016，31(1)：30-37.

"共生环境"①。从共生理论的视角来看,以澜湄国家为主体的包括水资源、矿产资源、大气污染防治以及生物多样性保护在内的共生单元,结合各共生单元在环境政策、技术水平、资金投入以及合作需求等在内的共生环境上所面临的挑战,最终基于共生环境下各共生单元提出了以深化政策沟通、加强民间交流、促进技术创新、推动项目搭建为核心的共生模式。以克服澜湄国家在生态合作中的挑战,从而促进澜湄各共生单元国家间的共生发展。在共生理论的指导下,澜湄各国之间的跨境生态安全合作获得了重要的理论支撑,深化了澜湄国家之间的交流与合作,为澜湄国家的共生而可持续发展奠定了坚实基础。

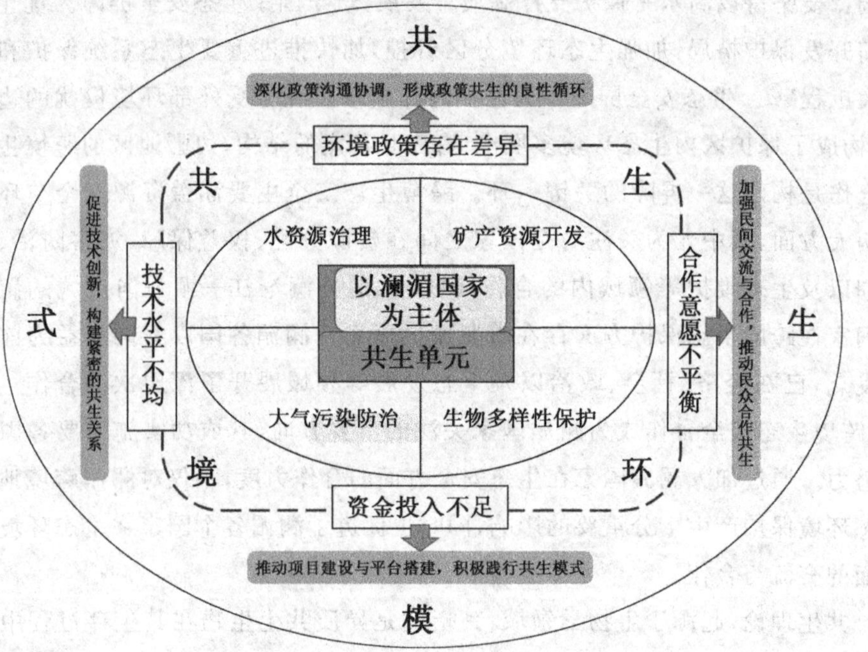

图 3-1 跨境生态安全合作的共生机理

① 袁纯清.共生理论及其对小型经济的应用研究(上)[J].改革,1998(2):104.

第一节 “共生单元”:澜湄国家跨境生态安全合作的四维表现

在共生理论中,共生单元指的是参与共生关系的各个生物体或组织①。澜湄国家之间山水相连,有着悠久的历史渊源和密切的文化交流,因其地理位置的特殊性,在生态环境保护方面存在着天然的紧密联系。基于共生单元在地缘关系、历史联系和生态环境方面存在着的紧密联系,共同构成了跨境生态安全合作的基石②。以澜湄国家为主体的共生单元之间的跨境生态安全合作,集中体现为跨境水资源的有效治理、矿产资源的合理开发和利用,生物多样性的严格保护以及大气污染的联合防治四个方面的核心内容。

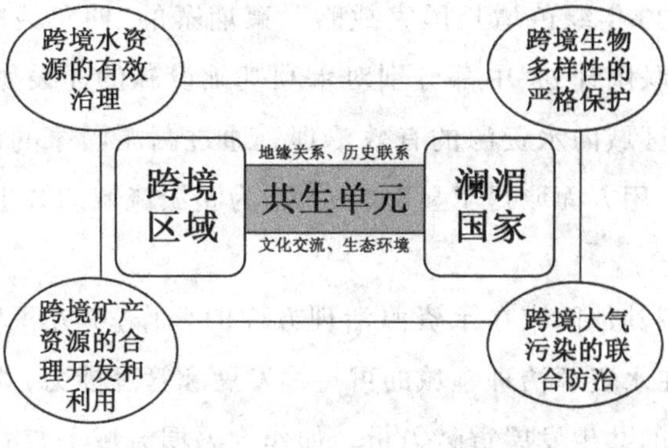

图 3-2 跨境生态安全合作中共生单元的核心内容

一、跨境水资源的有效治理

澜湄国家作为共生单元,其命运与澜沧江—湄公河流域紧密相连,该流域丰富的水资源是澜湄国家生存与发展的重要保障,对水资源合理的开发利用关乎流

① 于成学,武春友.基于共生理论的低碳生态产业链多元稳定影响因素分析[J].科技与经济,2012,25(4):96-100.

② 胡晓鹏.产业共生:理论界定及其内在机理[J].中国工业经济,2008(9):118-128.

域内每一个国家的福祉,水资源治理在澜湄国家跨境生态安全保护中扮演着至关重要的角色。从共生单元出发,澜湄命运共同体的构建为澜湄流域内跨境水资源合作的共生发展带来了显著的进步与提升。澜湄六国作为共生单元,围绕水资源治理展开了深层次的交流,各国水利主管部门达成了广泛共识,强调要秉持共商、共建、共享的原则,在充分尊重各国传统习俗的基础之上兼顾各方的利益诉求。

澜湄各个国家都十分重视水资源的问题,如湄委会在《湄公河流域发展战略(2021—2030)》中指出,澜湄国家将会持续加强在流域规划、综合监测、开发信息系统及流域管理与协调等方面的技术支撑,促进六国在水资源治理上的协作。在共同签署的《澜湄水资源合作五年计划》中,多次重申要加强流域内在水资源政策上的对话交流,深化对水资源和气候变化等方面的研究,进一步巩固和拓展共生关系。中方积极参与老挝南塔省、乌多姆赛省参加当地所举办的有关水资源保护和土著鱼驯养繁殖技术培训等活动,进一步促进了中老两国在跨境水资源保护方面的交流与合作。此外,在泰国制定的“国家 20 年发展战略规划(2020—2037)”、越南的“2021—2030 年绿色增长国家战略”、柬埔寨的“四角战略”以及老挝所提出的“陆锁国变陆联国计划”中都分别对水利基础设施的建设做出了重要的规划与部署,旨在加强区域内水资源的有效治理。通过澜湄国家的携手努力,在跨境水资源的开发和利用方面取得了显著的成效,为澜湄流域的共生发展注入了新的活力。

为推动与澜湄其他国家在水资源治理方面的合作,中方积极采取行动,致力于提升澜湄六国在水资源治理领域的可持续发展和管理能力,共同守护这一生命之源,为澜湄国家的共生发展贡献力量。如作为澜湄流域上游的重要共生单元云南省在开发和利用水资源的同时,需要更加注重水资源的保护工作。在水资源治理领域,增殖放流是澜湄国家合作共生关系中的关键环节。位于云南南部的西双版纳州,近年来频繁地与老挝展开边境联合执法行动及增殖放流等活动,旨在“沿着绵延数百公里的边境线,共同构建一条和谐共生的绿色生态长廊”①。西双版纳州每年在上游区域举行的增殖放流活动,不仅促进了下游国家渔业资源的恢复与发展,还有效地强化了对当地水资源的保护力度,保障了流域内其他生态系统的正常运作。

---

① 罗杰斯,孙萍.中老跨境联合保护区在生物多样性保护中的作用[J].绿色科技,2020,22(8):38-39.

二、跨境矿产资源的合理开发和利用

澜湄国家由于地理位置相邻，山水相依，加之长期的地质积淀，蕴藏着丰富的跨境矿产资源。这些资源不仅种类繁多，而且储量巨大、品质上乘，具有极高的开发潜力。基于共生理论，澜湄国家跨境矿产资源的开发和利用是一个复杂而多维的议题，涉及多个国家和地区的共同利益。澜湄国家为实现经济发展，纷纷对矿产资源进行开采。有些不合理的开采行为引发了对矿产资源的破坏与浪费，这不仅会导致区域性的环境恶化与大气污染，还可能对气候变化产生深远影响。对矿产资源进行合理且可持续开发成为澜湄国家共同面临并解决的重大课题。

鉴于此，澜湄各共生单元国家之间积极开展合作，致力于矿产资源的合理开发与利用，共同为澜湄流域的生态环境保护贡献力量。如马关县作为跨境区域的一个关键部分，其地理位置紧邻越南，使得该县的生态安全状况不仅关乎自身，且紧密关联着整个澜湄国家的生态安全体系。过去，当地民众对矿产资源的不合理开采活动严重污染了当地环境，同时也对周边的跨境区域产生了不利影响。近年来，当地政府采取了严厉措施打击超层越界等违规开采行为，不断强化县域内的生态环境保护工作，承担起构筑祖国西南边疆生态屏障的重任，同时促进当地绿色产业的发展，以优化和提升共生单元的内部结构和功能。马关县积极与跨境共生单元越南一方在矿山的合理利用和开发方面展开沟通与协作，共同推动澜湄各国的生态安全合作，从而为跨境的生态问题的解决贡献积极的力量。这不仅促进了马关县作为共生单元的健康发展，也增强了澜湄国家整个生态共生系统的稳定性和可持续性。

此外，澜湄各个国家针对矿产资源的开发还制定了不同的法律法规，包括越南的《越南矿产资源法》、缅甸的《缅甸矿业法》《矿业法实施细则》等、泰国《矿业法》、《老挝矿业法》以及《柬埔寨矿业法》等等[①]。澜湄六国矿业法的实施旨在规范本国对矿产资源的开发与利用，加强政府部门对矿产资源的监督与管理，从而促进对矿产资源的合理开采。通过法律法规的约束，在一定程度上能够促进澜湄各共生单元在跨境矿产资源开采上的合作与交流，以促进澜湄国家之间的在矿产

---

① 余桂荣.中国与东盟国家战略性矿产资源产业链供应安全合作研究：以法律风险为视角[J].沿海企业与科技，2024(1)：22－31.

资源的开发和利用上做到共生发展。

三、跨境生物多样性的严格保护

澜湄国家作为紧密相连的共生单元，共享热带、亚热带季风气候这一自然环境，该区域的生态植被与动植物种类呈现出丰富而多样的特征。在推动澜湄流域的生态环境改善的同时，不断强化各共生单元在生物多样性保护上的合作。由于澜湄国家间是紧密联系的，某些动植物的跨界入侵对当地的生物多样性构成了严峻的挑战，表明了仅凭单一国家的努力难以有效保护澜湄流域的生态植被。作为一个共生体的澜湄国家在跨境生物多样性保护问题上达成了广泛共识，致力于通过会议交流、法律法规的制定等方式，携手促进澜湄共生单元建在跨境生物多样性的保护工作，共同维护该生态共生单元的健康与稳定。

2021 年 COP15 第一阶段的会议在昆明成功召开，大会设立的“昆明生物多样性基金”为全球生物多样性治理奠定了坚实基础[①]。2023 年的澜湄合作第四次领导人会议中所发表的《内比都宣言》和《澜沧江—湄公河合作五年行动计划(2023—2027)》中对澜湄国家生态环境方面的生物多样性保护合作做出了重要的论述。澜湄六国达成共识，在尊重各国共同利益的基础上要加强流域内的跨境生物多样性保护合作，从而推动构建澜湄国家命运共同体的共生发展。澜湄国家通过深化政策沟通与交流，拓宽了生态安全合作的领域和方式，有力地促进了澜湄各个共生单元国家的生态环境保护。在中老双方的共同努力之下，生物多样性保护项目工作推进会和培训会进入常态，为澜湄共生单元的跨境生物多样性保护提供了重要的支撑。

近年来，中国政府相关部门从政策层面出发，还制定了一系列旨在维护澜湄流域内各个共生单元间在生物多样性完整性的措施[②]，如云南有关部门所制定的生物多样性保护地方性法规、率先发布的省级生物多样性白皮书和生物物种等名录。在相关法律法规的约束下，中老边境地区的生态环境质量持续改善，野生亚洲象开始不惧怕人，频繁进出森林，在边境口岸能够自由出入，甚至跑到磨憨口岸

---

① 习近平.共同构建地球生命共同体：在《生物多样性公约》第十五次缔约方大会领导人峰会上的主旨讲话[J].环境教育，2021(10)：16－17.

② 黄菊.国际视野下生态安全政府层面合作机制建设研究[J].湘潮，2008(7)：31－32.

“逛街”[①]。另外，广西与越南的高平省还签署了《生物多样性保护合作谅解备忘录》，建设了相关的生物多样性走廊试点，双方携手一同保护该跨境区域的生物多样性，确保长臂猿栖息地的生态完整性[②]。澜湄共生单元在进行跨境交流互动的过程中，不仅加强了对动植物资源的保护，还有效提升了双方民众的生态保护意识，进一步促进了与澜湄国家在跨境生物多样性保护方面的合作与交流，共同构筑起更加坚实的澜湄生态共生体系。

四、跨境大气污染的联合防治

澜湄国家大多靠农业为主要经济作物，该区域共生单元的生产技术水平不高，导致它们往往会采取集中燃烧水稻秸秆的处理方式，从而引发了严重的空气污染问题。澜湄国家的多个城市空气质量指数已经突破了 150，越南河内、泰国清迈等城市甚至位列世界空气污染最严重城市的前十名。这些共生单元面临着空气质量不佳、气候干旱以及季风影响等问题，使得污染持续扩散到我国的跨境边疆地区，跨境烟霾的出现进一步增加了温室气体浓度，加剧了空气污染治理难度。

在此背景下，中国与老挝等共生单元在边境大气污染防治方面积极开展合作，双方定期交流环境空气质量、气象、护林防火以及农业秸秆焚烧管控等信息，并签订了《边境一线森林防火工作会晤纪要》《中国、老挝边境地区大气污染防治工作会谈纪要》等文件。通过签订纪要的形式旨在加强澜湄国家在防治污染方面的能力和水平，促进双方在大气污染防治方面的共生发展，共同解决当前澜湄国家所面临的共同生态环境问题。其中，西双版纳州作为流域内的重要组成部分，积极加强与老方在生态环境领域的合作，包括生态环保理念和相关法规标准研讨交流，支持老方在气候变化、污染治理、环境管理、生态保护等领域的能力建设。在云南省生态环境厅召开的“美丽云南建设”2024 年系列新闻发布会上还提到了西双版纳州与老挝共建的 220 万亩“边境联合保护区”对大气污染防治的重视。

---

① 召玉龙，李有寿，李金华，等. 中老边境跨境区域亚洲象联合保护探究[J]. 林业调查规划，2023，48(2)：97－100，187.

② “一带一路”绿色发展国际联盟秘书处. “一带一路”生物多样性保护案例报告[R]. 北京：“一带一路”绿色发展国际联盟，2021.

共生单元间的合作不仅加强了双方在重污染天气预警信息上的互通往来，还共同推进了中国、老挝边境一线大气污染防治的联防联控工作。

此外，澜湄国家还分别在《关于在澜湄合作框架下深化农业合作和保障粮食安全的联合声明》《澜湄环境合作战略行动计划（2023—2027）》以及《关于深化澜沧江—湄公河国家地方合作的倡议》等政策文件中提到要加强边境地区的森林防火、生态修复等问题[①]，对火灾的防控还做了许多工作。柬埔寨提出七项措施禁止一切违规行为、缅甸制定的2020《消防安全法》以及泰国加强对消防队伍的建设工作等在一定程度上都加强了澜湄国家之间在跨境大气污染防治上的管控。通过联合防治和政策交流的方式共同面对澜湄国家所存在的跨境烟霾问题，同时促进澜湄共生单元在生态环境保护方面的交流合作，共同应对气候变化等问题，推动澜湄各国的绿色可持续发展。在跨境的空气污染防治方面，积极扩大与跨境澜湄国家的互利合作、深化生态环境保护的沟通与交流，从而不断加强自身与跨境澜湄其他国家的大气防污治理能力。

① 程晓勇.东南亚国家跨境烟霾治理评析[J].东南亚研究，2015(3)：23-29.

第二节 “共生环境”：澜湄国家跨境生态安全合作的挑战

在跨境生态安全合作的共生环境中，自然环境、政策环境以及市场环境等因素共同构成了影响澜湄国家这一共生单元生存与发展的外部条件，这些环境因素对澜湄国家间的跨境生态安全合作产生了深远的影响①。澜湄国家通过开展跨境的交流与合作，已在跨境生态安全合作领域取得了一定的成就。但是，这一合作并非一帆风顺，澜湄共生单元国家的共生环境存在显著的差异性，主要体现在经济发展水平、人文内涵及风俗习惯等多个维度。这些差异构成了跨境生态安全合作中复杂的共生环境，导致在实际合作的过程中将面临环境政策存在差异、合作意愿不平衡、资金投入不足及其技术水平不均等方面的困难与挑战。

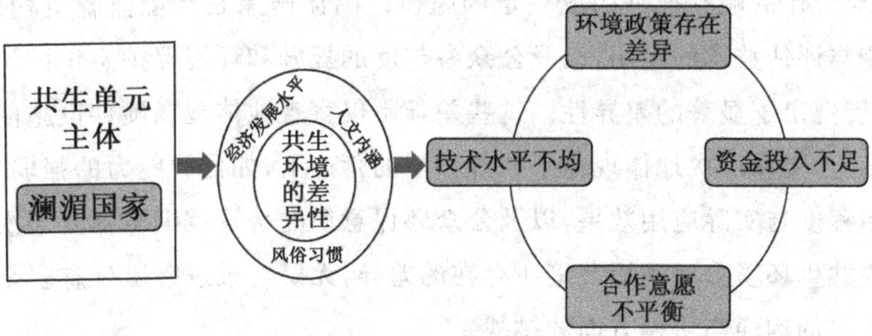

图 3-3 共生环境差异性背景下面临的挑战

一、环境政策存在差异

在融合共生的生态环境中，澜湄各国生态环境保护领域的政策体系展现出各自的独特性，这种多样性在为跨境生态安全合作带来丰富资源与发展潜力的同时，也构成了显著的挑战。具体而言，由于澜湄各国依据自身的生态环境、发展阶段和政策偏好构建了不同的环境保护框架和管理体系，因此在寻求共识与采取统

① 彭淑贞，吕臣.共生理论嵌入乡村旅游生态系统创新研究[J].科研管理，2020，41(12)：60-69.

一行动上出现了困难。

澜湄国家的政局稳定性的差异对于跨境生态合作的推进会产生重要影响。例如,2021 年初缅甸政局动荡不安不仅影响了国内局势,还因外部媒体的负面报道引发了缅甸民众对中国的误解与恐惧,导致在缅中国企业遭受了不应有的冲击。此外,中泰之间的项目合作领域较广且周期较长,但是泰国在疫情防控期间爆发了多起大规模反政府的示威活动。在合作中对方的政局不稳定必然会对彼此之间在跨境的生态安全合作方面产生影响①。澜湄共生环境对促进各国跨境开发和治理提供了更多的制度和政策方面的支持和保障,但各国政局的稳定程度仍导致在具体合作中产生意见分歧与行动障碍,特别是在云南边疆地区与澜湄国家的跨境生态安全合作中尤为明显。

除此之外,澜湄各国的生态环境保护框架与管理流程均具有各自独特的生态环境条件、经济发展水平及政策指引的痕迹。在构建法律法规体系时,各国基于国情与实际需求,制定出了各具鲜明特色的法律条文。然而,这种法律体系的多样性在跨境生态安全合作的实践中,可能会引发法律条款的冲突或理解上的分歧,进而对合作的顺利推进构成一定的阻碍。澜湄国家在环境监管机构的构建、环境监测与评估技术的运用,以及公众参与度的提升和环境保护意识的培育等方面,同样展现出了显著的差异性。这些差异不仅直观地体现在硬件设施的配置与完善程度上,更深层次地体现在了软件环境的营造上,如监管能力的强弱、技术手段的创新程度与实际应用效果,以及公众环保意识的普及范围与提升层次等。澜湄国家在共生环境方面环境政策所存在的差异,无疑对推进跨境生态安全合作时带来了更多的沟通与协调方面的挑战。

二、合作意愿不平衡

从共生环境视角出发,澜湄各国位于澜湄流域的不同地理位置,各自追求着符合自身需求的利益。当跨境生态安全保护措施导致共生单元国家自身利益受到不同程度的影响时,澜湄国家在合作时往往会表现出犹豫的态度。

随着澜湄国家人口的不断增长和经济的蓬勃发展,对水资源的需求日益增加。然而,六国在地理位置、经济水平等共生环境中存在着差异,流域内各国在水

① 徐秀良,刘稚.新冠肺炎疫情下澜湄合作的挑战、机遇及趋势[J].国别和区域研究,2021(4):1-19.

资源的开发和利用方面产生了分歧，这在一定程度上阻碍了澜湄国家跨境生态安全合作的深入开展。具体而言，上游国家如中国和老挝倾向于水能源和水电站的建设，而下游国家如泰国和越南则更关注农业灌溉用水的需求。这种利益上的冲突导致了澜湄国家对于参与跨境生态保护合作的积极性不高。同时，流域内丰富的资源也吸引了其他国家的关注。例如：日本早在2009年就提出了“绿色湄公河”计划，旨在加强与湄公河其他国家的合作；而美国在2020年与湄公河下游五国启动了新的多边合作，宣布建立新的“湄公河—美国伙伴关系”。这些国际合作组织的出现为澜湄国家提供了更多的对外交流与合作的机会，同时也打破了原有的地区秩序，与澜湄命运共同体所倡导的加强区域合作的初衷产生了冲突。这在一定程度上影响了澜湄国家与中国的合作需求，导致澜湄流域的合作意愿有所减弱，进而对澜湄各个国家在跨境生态安全方面的合作产生了一定的影响。

此外，在中老两国边境地区，由于居民在经济和文化方面的差异，保护野生动植物资源的出发点和落脚点不同，导致参与跨境协同治理的意愿程度不一致。以西双版纳州勐腊县的尚勇自然保护区为例，该保护区内分布着多个少数民族村寨，这些村寨的居民在历史上与中老两国未正式划界前有着紧密的联系，甚至存在亲戚关系。两国相邻的村寨居民以前一直有靠山吃山的习惯，对森林资源等具有较强的依赖性。但随着中方经济发展水平的提高，中方居民对于生物多样性保护的认可度逐渐提升，而老方部分居民还停留在解决温饱问题的阶段，保护意识相对淡薄。双方合作意愿的不平衡性导致了两国在跨境的生态环境保护合作中存在一定的挑战。

三、资金投入不足

澜湄命运共同体的根本宗旨在于促进澜湄各国在共生环境下的共同进步，旨在通过深化合作实现互利共赢的发展格局。然而，澜湄国家大多是欠发达国家，基础设施建设尚不完善，经济发展水平也相对较低，这直接决定了它们当前的发展重心仍然聚焦于经济发展之上。在共生环境的视角下，澜湄国家需要携手并进，共同克服这些发展障碍，以实现更为均衡和可持续的区域发展。

澜湄国家的经济发展水平整体不高，而跨境生态安全合作这一宏大议题，对资金的需求尤为迫切。部分国家由于财政困难等因素的制约，难以为跨境生态合作提供足够的资金支持和物力保障。特别是缅甸、老挝、柬埔寨三国，作为世界最不发达国家行列的成员，经济发展更显不足；泰国虽经济状况稍好，但长期的社会动荡会导致次区域消费市场低迷，经济复苏动力欠缺。虽然中泰之间的项目合作较多，但泰国政局的不稳定却给中国企业在泰发展带来了挑战。此外，作为澜湄合作的关键一环，中国西南地区的云南与广西集边疆、多民族、内陆山区特征为一体，尽管在2020年成功脱贫，但仍然存在经济发展滞后、贫困人口基数大等问题。跨境的生态安全合作中需要大量资金的支持，加之澜湄各国普遍处于经济发展优先阶段，资金短缺成为制约六国跨境生态合作深入开展的重大障碍。

资金注入的规模在促进澜湄国家之间的跨境生态安全合作中，也同样扮演着重要的角色。考虑到澜湄国家独特的地理位置与复杂的生态环境背景，跨境生态安全合作是一项长期的历史性任务，要求各国必须紧密合作，共同努力，才能有效地应对生态安全领域的种种难题。以中国与老挝为例，两国在边境地带联合建立了自然保护区，这些保护区的资金来源多元化，包括国家财政的直接拨款、环保领域的专项基金以及国家基础设施建设项目的支持等。然而，由于经济发展水平的差异，老挝的人均收入相对较低，这直接限制了其在自然保护区建设上的投资能力。在推进澜湄国家跨境区域的生态安全合作时，资金支持的不足成为影响整体合作进度与成效的关键因素。资金上的薄弱，就如同生态系统中的某一环节营养不足，会影响到整个澜湄国家共生环境的稳定与繁荣。

四、技术水平不均

澜湄各国在其共生环境中，就经济发展水平与科学技术层面而言，整体上仍处于相对初级的阶段。尽管中国在该区域具备一定的支持能力，但技术设施的非统一性以及区域间发展的不均衡性，导致了各国在跨境生态保护上的投入力度存在一定的差异性。近年来，中国在科技创新方面的能力不断增强，而泰国与越南则在经济和科技实力上有所提升，尽管其在效率上的提升空间还很大。相比之下，柬埔寨、缅甸、老挝等国家的经济实力则显得较为薄弱。澜湄国家在经济发展水平上的显著差异，导致了技术共享和优势互补的障碍，进而制约了澜湄国家之间的跨境生态安全合作的深入开展[①]。

① 邓思杨."澜湄"区域国家科技创新发展现状及合作需求研究[J]. 世界科技研究与发展，2020，42(1):87-95.

澜湄国家间技术发展水平的不均,在一定程度上决定了它们在应对生态环境问题上的不同态度。随着时代的发展,生态环境问题日益多样化,要从源头上处理这些挑战,还需要澜湄国家提供技术上的支持。在污染防治、渔业资源可持续利用及生物多样性保护等多个领域,科学技术的运用是基础。以西双版纳州与老挝的跨境渔业资源保护合作为例,老挝方面积极参与由西双版纳提供的渔业养殖技术培训活动,显著地提升了双方跨境渔业资源的保护成效,展现了技术合作在生态保护中的积极作用。但是,在推进我国与澜湄国家进行能源电力技术领域的交流与合作过程中,由于澜湄其他国家很少接触到我国的能源电力技术体系,会更倾向于认为国际或西方发达国家的标准更好。这种认知上的差异,主要源于澜湄各国在技术共生环境上的不同,如技术发展路径、应用经验及国际交流程度等方面,影响了澜湄国家对技术优劣的准确判断。

第三节 “共生模式”：澜湄国家跨境生态安全合作路径分析

共生理论视角下，共生模式详细阐释了共生单元之间相互作用的动态机制。在澜湄国家之间的跨境生态安全合作框架内，共生模式可以是互利共生、偏利共生或寄生等多种形式①。其中，互利共生是指各方都能从合作中获得实质性利益，是跨境生态安全合作的理想模式，能够增强澜湄国家整体的生态韧性。相比之下，偏利共生则是指一方受益较多，而另一方受益较少或不受益。而寄生则更为极端，是指一方从另一方身上获取利益，而另一方则受到损害，这种不平衡的互动关系不利于长期合作和共同发展。为了实现跨境生态安全合作的可持续健康发展，澜湄国家应努力构建以互利共生为核心的合作模式②。

针对澜湄国家在跨境生态安全合作中面临的诸多挑战，必须从多元的共生模式出发，通过深化政策沟通协调、加强民间交流互鉴、推动项目建设及促进科技创新合作等方式，全面改善澜湄国家的合作环境，推动其在生态安全方面的合作与交流。在此过程中，充分发挥澜湄命运共同体的保障性作用尤为重要，它能够为跨境生态安全合作提供坚实的制度支撑与共识基础，促进澜湄国家间的紧密协作与资源共享，共同守护区域内的生态环境安全。

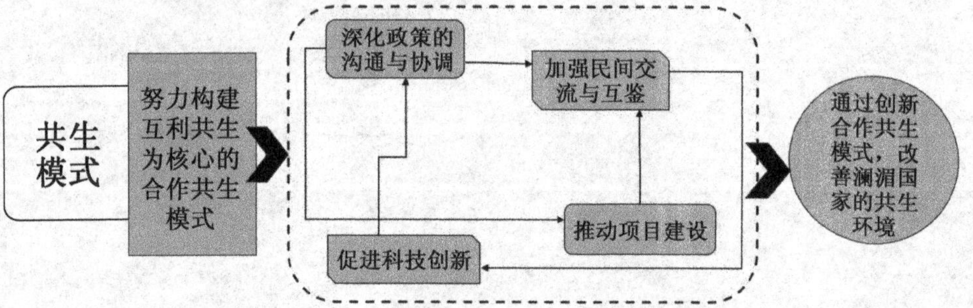

图 3－4 跨境生态安全合作路径分析

① 余晓钟，罗霞．“一带一路”能源共生合作：框架分析与推进路径[J]．甘肃社会科学，2021(2)：198－206．

② 郑娜娜，王晟聪．走向共生：流域生态治理过程中人与自然关系的演化[J]．南京工业大学学报(社会科学版)，2024，23(5)：64－76，118．

一、深化政策沟通协调

澜湄国家的地方政府作为共生单元，通过密切地沟通与联系，不断加强既有的友好城市之间的关系，并基于平等和相互尊重的原则共同促进了更多友好城市的建立，形成了共生体系中的互动与协同①。加强政策沟通这一共生模式旨在制定出符合双方需求的具体合作计划，加强澜湄国家在跨境生态环境保护中政策方面的联系，形成了政策共生的良性循环。

在共生模式的指导下，各共生单元的主管部门积极出台相关政策与措施，旨在加强与跨境地区在生态安全方面的交流与合作，为跨境区域的生态环境保护提供了重要的支撑和制度保障，促进了多方向的对话与协商机制的形成。为应对环境政策所存在的差异性，澜湄国家需要采取行动，协调好生态环境保护的步调，共同制定一套符合澜湄各共生单元国家的发展需求的自然区保护法，以实现共生体系中的资源共享、优势互补以及风险共担。尽管已存在如《湄公河流域可持续发展合作协定》、《西双版纳宣言》等普遍性条约，但在特定生态领域的保护法规仍显不足。因此，澜湄国家应拓宽生态保护政策交流的广度和深度，在维护各自国家利益的基础上，拓宽增进澜湄国家生态安全合作的方式，以促进共生关系的深化。

在相关政府的支持下，澜湄国家还多次开展促进生态安全合作的研讨会，涉及生态环境保护多方面的内容。如2018年的中缅生物多样性保护研究合作研讨会、2021年中老联合举办的“生态文明建设暨生物多样性保护实践与探索”交流活动等，这些研讨会的举办不仅加强了澜湄国家在生态安全领域的合作与对话，还推动了各个国家在资源开发、生物多样性保护等方面形成广泛共识。通过加强政策上的沟通与协调，有助于澜湄国家共同应对跨境生态合作中的挑战，推动区域生态安全的可持续发展，构建更加紧密和谐的共生关系。

二、加强民间交流与互鉴

跨境生态系统，作为一个跨越多个国家或者地区的复杂而微妙的系统，其生

① 柳江，武瑞东，何大明．地缘合作中的陆疆跨境生态安全及调控[J]．地理科学进展，2015，34(5)：606-616．

态平衡和生物多样性的维护需要各国民众的共同参与。在共生模式下，澜湄国家在文化交流与风俗习惯上展现出显著的契合性，这种契合性促进了澜湄国家民众之间的密切往来。在构建澜湄命运共同体的过程中，民众之间的频繁交流显著提升了各个国家在生态安全合作方面的意愿，有力推动了澜湄地区的生态环境保护工作。加强边民的交流与合作是提高生态保护意识、推动跨境生态安全合作的有效途径。西双版纳国家级保护区管护局尚勇管护所所长李金华提到："我们最初的跨境合作模式，是从民间的交流开始的"、"需要境内外的边民一起行动，才能真正维护好边境地区的生态安全。"[①]这种从民间交流出发的共生合作模式，为生态安全保护奠定了坚实的基础。

为了进一步加强合作，澜湄国家建立了联合保护区以促进各共生单元之间的交流合作。"西双版纳傣族自治州与老挝共建 220 万亩边境联合保护区，与老挝南塔省开展联合执法、增殖放流行动，与老挝北部南塔省、乌多姆赛省、丰沙里省 3 省建立大气污染联络机制，在长达数百公里的边境线上，携手建立起一条和谐的边境绿色生态长廊"，实现了生态保护的跨境联动[②]。中老双方在生态保护方面各司其职，对各自管辖范围内的保护区进行有效的管理，并适时地组织跨境的巡护活动。此外，中方还多次前往老挝南塔省、乌多姆赛省参加所举办的有关水资源保护和土著鱼驯养繁殖技术培训，加强了与老挝在生态保护领域的交流与合作，提高了当地民众的生态保护意识。通过双方的共同努力，在跨境生物多样性保护、水资源生态安全等方面取得了显著的成效。跨境的生态安全合作不仅有助于本地生态环境的可持续发展，还能够为整个跨境区域乃至国际社会的生态保护贡献力量。加强民间交流体现了共生模式的核心理念，即不同实体间的相互依存，共同推动澜湄国家整个生态系统的繁荣与稳定。

三、推动项目建设

在澜湄命运共同体建设的背景之下，澜湄国家紧密携手，共同孕育了一系列推动生态安全合作的创新项目与平台。这些合作项目与平台的搭建，不仅是对整个澜湄跨境区域的生态保护工作的有力支撑，也是共生模式下区域合作精神的生

---

① 张国英，张忠员. 中老跨境联合保护[J]. 人与生物圈，2020(3)：72 - 73.

② 罗杰斯，孙萍. 中老跨境联合保护区在生物多样性保护中的作用[J]. 绿色科技，2020，22(8)：38 - 39.

动体现。通过加强澜湄国家间的生态安全合作意愿，促进了资源的优化配置与共享，形成了互利共赢的良好局面。尤为重要的是，这些合作项目与平台还成功吸引了大量资金的注入，为跨境的生态保护工作的深入实施提供了坚实的物质保障。这不仅彰显了澜湄国家对于生态安全合作的坚定信念，也体现了在共生模式下，通过共生单元国家集体的行动能够有效地应对跨境生态挑战，推动区域乃至全球的可持续发展。

在澜湄命运共同体的构建进程中，各国积极的践行共生模式，加快推进“绿色澜湄计划”，深化在清洁能源与可再生能源方面的合作和经验交流，携手促进澜湄国家的绿色转型与低碳发展，共同应对生态环境保护所面临的挑战。为有效解决澜湄国家的生态安全问题，澜湄国家成功启动了“绿色低碳与可持续基础设施知识共享平台”“促进可持续生计的生态系统管理改善试点”等项目，并稳步推进“柬埔寨低碳示范区”“老挝万象赛色塔低碳示范区”建设，这些项目的落地为澜湄国家的生态安全合作提供了坚实的资金保障。同时，中国与泰国、老挝、柬埔寨等国家签订了湄公河—澜沧江专项基金项目。特别是在 2024 年，为柬埔寨提供了约 200 万美元、老挝约 266.59 万元美元的资金支持，覆盖农业、环境、水资源管理、生物多样性保护等多个领域。这些合作项目不仅为生态安全合作提供了大量资金的支持，还有力的应对了跨境环境污染、生物入侵等跨国界问题。此外，针对水资源治理这一关键领域，中国与澜湄国家共同实施了“澜湄甘泉行动计划”“澜湄兴水惠民行动”“典型小流域综合治理示范”等合作项目。各国相关政府部门高度重视水资源的治理，投入了许多项目资金，旨在通过合作而有力的解决流域内的水资源保护问题。同时深化澜湄国家在生态环境保护方面的交流与合作，共同推动澜湄命运共同体的深入发展，实现区域生态安全与可持续发展的共生共赢。

四、促进科技创新

近年来，在科学技术迅猛发展背景下，澜湄国家的经济社会得到了极大的改善，然而，在生态安全方面的科技水平还有待提升。基于共生模式的理念，实现跨境的生态安全合作成为澜湄国家共同的目标。通过加大资金投入、技术创新，澜湄国家能够共同应对生态安全挑战，促进区域的可持续发展，实现经济与生态的共赢局面。

2021 年云南省生态环境厅携手中国科学院院士、国家级专家团队以及生态环境部相关技术部门，共同为南亚、东南亚国家春季烧荒产生的大气污染物跨境传输问题提供精准的帮扶指导。依托自身技术和物资储备，云南省检测中心挂牌成立了“空天地”一体化生态监测示范基地，探索出了一套涵盖天基卫星遥感、空基激光雷达扫描＋无人机航测、地基城市定点精密监测的“天空地一体化”加密监测体系。这一体系的建立，不仅为西双版纳州建立起科学有效的联防联控机制，还通过“天空地一体化”空气质量加密的监测，有效地洞察澜湄国家的大气污染跨境传输的动态，从澜湄跨境流域在防治污染方面的合作奠定了坚实的基础。2022年中国（云南）自由贸易试验区红河片区与云南大学强强联合，正式在红河州成立了边疆民族团结进步示范研究中心、跨境生态安全研究中心及沿边开放示范研究中心。这些研究中心充分利用云南大学在生态学、地理学等领域的综合优势和人才资源，结合红河州河口县作为边疆县在地理位置上的优势，不断地提升红河片区在跨境生态安全合作中的质量和水平。跨境生态安全研究中心的成立，不仅为培养一批优秀的人才提供了平台，还显著增强了区域在生态环保方面的科技创新能力。在澜湄命运共同体的背景下，该中心积极发挥红河州在跨境生态安全合作中的独特优势，加大科技投入，充分利用云南大学的人才资源，促进了跨境生态交流与合作。

通过创新合作的共生模式，澜湄国家将能够共同应对跨境生态安全方面的挑战，实现区域生态与经济的可持续发展，构建更加紧密和谐的共生关系。在推进跨境生态安全合作的过程中，要加强澜湄国家间跨境邻国的沟通与协调，共同构建更为完善、高效的跨境生态安全合作机制。同时，还需加大对跨境生态安全合作的资金投入和技术支持力度以提升合作的深度和广度，有效应对澜湄流域在跨境生态安全合作中面临的各种挑战。此外，加强澜湄国家间的技术交流、分享成功案例与经验，以及增进相互理解和信任，对于推动区域能源电力技术的协同发展、实现生态环境保护的共同努力具有不可忽视的作用。这不仅有助于各国层面在技术上的相互借鉴与提升，还能促进区域整体生态环境的改善与可持续发展，构建更加和谐共生的区域环境。

第四章 澜湄国家跨境生态安全合作的机制现状及云南的参与情况

"生态安全"通常具有两重含义：一是指生态系统自身健康完整和可持续性；二是指生态系统对人类提供完善的生态服务或人类的生存安全。生态安全的特点表现为整体性和全球性、破坏的不可逆性和恢复的长期性。[①] 澜沧江—湄公河作为亚洲重要的跨境河流，其生态安全直接关系到流域内数亿人口的生存与发展。近年来，随着区域经济快速发展，澜湄地区面临水资源短缺、生物多样性丧失、环境污染等严峻挑战。为应对这些挑战，东盟、澜湄合作机制及其他国际组织在澜湄生态安全领域开展了广泛合作，澜湄国家建立了多层次、多领域的合作机制，并实施了一系列行动计划与项目。云南作为中国与澜湄国家接壤的重要省份，凭借其独特的地理位置和丰富的自然资源，在澜湄跨境生态安全合作中发挥着不可替代的作用。未来，随着澜湄合作机制的不断深化，云南在澜湄跨境生态安全合作中的角色将更加重要，也将为地区的可持续发展注入更多动力。

① 凌胜利.总体国家安全观视野下的中国周边安全合作[J].国际安全研究，2024，42(4)：28－52，156－157.

第一节　现有国际与区域生态安全合作机制

近年来，澜湄国家、域内外组织、国际机构及世界大国等多方紧跟“绿色发展”国际主流趋势，关注澜湄流域生态发展存在的问题，并积极参与流域基础设施建设和生态保护相关的合作，推动了澜湄流域生态安全合作发展。

一、现有国际与区域合作机制

在已有机制中，有区域内国家之间成立的，如澜湄合作机制（LMC）、湄公河委员会（MRC）、伊洛瓦底江湄南河湄公河经济合作战略（ACMECS）、柬老越发展三角区（CLV-DT）；有域外国家发起的机制，如美国发起的下湄公河下游倡议（LMI）、澳湄合作、日湄合作、韩湄合作、印湄合作；也有国际金融组织主导的机制，如世界银行的湄公河水资源援助战略（MWRAS）、亚洲开发银行的大湄公河次区域经济合作（GMS）。这些机制通过发起专项合作倡议，建立保护管理体系、提供资金援助、开展技术交流与培训等多种途径。① 但是西方发达国家的介入，一定程度上对澜湄国家关系的发展产生消极影响，增加了跨境生态安全治理机制运行阻力。

（一）澜湄合作机制下生态安全框架

澜湄合作机制自 2016 年启动以来，已成为澜湄国家深化合作的重要平台。在生态安全领域，澜湄合作机制通过一系列政策文件、行动计划和合作机制架构，构建了全面的合作框架。澜湄合作机制下的生态安全合作主要体现在以下几个方面：一是设立了澜湄水资源合作中心，作为支撑澜湄水资源合作的综合合作平台，致力于加强六国在水资源领域的政策对话、联合研究、技术示范和能力建设。二是制定了《澜湄水资源合作五年行动计划（2023—2027）》，明确了水资源合作的

① 张汶海，葛金金，佟宇晨. 澜湄流域水利生态合作现状、挑战及路径深化[J]. 中国水利，2022(1)：58-61.

重点领域和优先项目，包括水资源综合管理、跨境水资源合作、水灾害管理、河湖健康维护与修复、水资源高效利用、水资源与气候变化适应等。三是设立了澜湄合作专项基金，为澜湄水资源合作等优先领域提供了资金支持。四是成立了澜湄环境合作联合工作组，负责推动澜湄环境合作的实施和协调。

澜湄合作在生态安全领域的政策文件、行动计划、合作机制架构

澜湄合作机制在生态安全领域的核心文件包括《澜湄合作五年行动计划（2023—2027）》和《澜沧江—湄公河环境合作战略与行动框架（2023—2027）》等。这些文件明确了澜湄国家在水资源管理、生物多样性保护、气候变化应对、污染防治等领域的合作目标和具体措施。例如，《澜湄环境合作战略与行动框架》提出了圆桌对话与能力建设、生态系统管理与生物多样性保护、气候变化适应与减缓等五大优先领域。澜湄合作在生态安全领域的政策文件和行动计划是其合作框架的重要组成部分，其不仅明确了合作的目标和原则，还详细规划了具体的合作项目和措施。

《澜沧江—湄公河合作五年行动计划（2023—2027）》是澜湄合作机制的核心指导文件之一，明确了未来五年的合作目标和重点领域。该计划基于《澜湄合作五年行动计划（2018—2022）》的成功经验，与"一带一路"倡议、全球发展倡议等相辅相成，旨在构建更加强韧的澜湄流域经济发展带，打造合作共赢的次区域合作样板，其中包含了生态安全领域的多项合作内容。行动计划强调，澜湄合作将致力于构建和平、安宁、繁荣、美丽、友好的澜湄地区，其中"美丽"一词体现了对生态环境保护的高度重视。在生态安全领域，行动计划提出了加强澜湄国家水资源可持续管理及利用方面的合作，包括在中国建立澜湄流域水资源合作中心，作为澜湄国家加强技术交流、能力建设、旱涝灾害管理、信息交流、联合研究等综合合作的平台。此外，行动计划还鼓励六国在传染病和非传染性疾病防控、卫生应急、基层卫生、慢性病管理、精神卫生等领域开展合作，共同提升公共卫生水平，这些合作间接促进了生态安全环境的改善。

澜湄环境合作中心是澜湄合作机制中涉及生态安全合作的主要运营机构，澜湄合作高级别会议和其他会晤机制为其提供了政治协商框架，澜湄合作专项基金为其提供了稳定的资金支持。《澜沧江—湄公河合作五年行动计划（2018—2022）》《澜沧江—湄公河合作五年行动计划（2023—2027）》《澜沧江—湄公河环境合作战略（2018—2022）》《澜沧江—湄公河环境合作战略与行动框架（2023—

2027)》,以及澜湄合作机制会议发布的联合声明、新闻公报、宣言等一同构成了合作的政策基础。

在本土架构下,澜湄国家的自主潜质得到了充分释放,六国不再局限于因大湄公河次区域核心环境项目——生物多样性保护廊道计划(CEP-BCI)既定的合作项目,而是能够在其未涉及的领域创新合作内容。例如,中国与老挝合力探索跨境生物多样性保护新模式,2017 年双方启动了"中老跨境亚洲象联合保护调查"工作,对亚洲象进行更加精准的保护,从最初基于对亚洲象的保护逐步发展为跨境生物多样性联合保护,至今已构筑起面积约 20 万公顷的"中国西双版纳—老挝北部三省跨边境联合保护区域"。[①]

官方驱动是澜湄合作走深走实的主要推力。澜湄合作高层领导人高频率的会晤模式极大地方便了各国能及时地就合作进度和方向进行调整,面对协调保护环境和发展经济这一共同难题,六国官方高度重视,均有强烈的合作意愿。澜湄合作领导人会议和外长会议已多次对区域生物多样性保护工作提出要求,顶层设计不断完善。多年来,澜湄国家以"成果落实、合作建设"为导向,积极探索跨境生物多样性保护的有效路径,澜湄合作品牌效益不断显现。2023 年 4 月 25 日,《澜沧江—湄公河环境合作战略与行动框架(2023—2027)》正式发布,"生态系统管理与生物多样性保护"继续作为精简后的五大优先领域之一,开启了新一轮合作。2023 年 12 月 25 日,澜湄合作第四次领导人会议举行,会议发表的《内比都宣言》《澜沧江—湄公河合作五年行动计划(2023—2027)》对澜湄环境合作作出了详细部署,生物多样性保护合作在高层战略引领下不断提质升级。跨境生物多样性保护合作成为澜湄合作新亮点,不断丰富着澜湄合作机制的内涵。

多渠道合作夯实跨境生态保护的社会民心基础。半官方和民间开展的系列交流活动为澜湄生物多样性保护合作开辟了新渠道,有力地推动了生物多样性保护理念在更大范围内的传播,区域环保氛围日渐浓厚。在学术交流方面,澜湄六国高校和科研机构积极对接国家战略,为官方合作拓展思路、贡献智慧。2018 年,中国科学院东南亚生物多样性研究中心在缅甸举行中缅生物多样性保护研究合作研讨会,双方就联合申请科研项目、标本交换、培养人才,共建东南亚缅甸中心以及定期沟通交流机制等达成多项共识。2021 年,澜湄国家生物多样性保护

① 刘子语.我省创新探索生物多样性有效保护路径与机制[N].云南日报,2020-12-05(2).

教育合作研讨班、南亚东南亚生物多样性保护教育合作研讨会在中国西南林业大学举行，旨在推进澜湄流域和周边国家生物多样性保护的经验交流，加强教育合作。2021 年 9 月，中国—南亚东南亚农业科技合作与创新研讨会通过视频方式举行，澜湄六国科研单位支持共建农业生物安全联合研究中心；11 月，澜湄环境合作云南中心与老挝苏发努冯大学联合举办“生态文明建设暨生物多样性保护实践与探索”交流活动，双方围绕“昆明—蒙特利尔全球生物多样性框架”共话澜湄生态文明建设，切实推动澜湄国家公众投入生物多样性保护实践。文化交流领域也在以各种各样的活动形式展现澜湄生物多样性保护案例。2021 年 10 月，“绿色澜湄 · 2021 澜湄合作国际海报设计展”在中国云南举行，来自澜湄国家的多所大学、杂志社参与其中，展会通过艺术与美的形式对澜湄环境合作成果、理念进行展示，是澜湄国家在生态与文化艺术领域交流合作的创新体现；2022 年 12 月，云南澜湄国际卫视（云南国际频道）充分发挥自身境外落地、辐射澜湄流域国家的传播优势，主动配合官方做好 COP15 第二阶段会议的宣传报道工作，覆盖国外受众需求，扩大生物多样性保护的宣传面和影响力，等等。文化、科教领域的交流合作提升了各国民众对生物多样性保护重要性的认知，激发和增强生物多样性保护意识，有利于广泛积累生态保护共识，为区域协调奠定社会民心基础。①

中国的参与度已成为影响区域环境合作成效的关键变量。中国一直以来都是生态环境保护合作的坚定支持者，在全球生物多样性保护中的引领和支撑作用日益显现，有效带动了澜湄国家投身区域生态治理。在 GMS 框架下，中国作为 CEP-BCI 一期项目的重要参与者和建设者，通过举办中方成果推介会，扩大了 GMS 环境合作和生物多样性保护走廊建设的影响力；中国积极参与 BCI 二期框架文件和行动计划的制定，努力推动云南和广西片区成为国际合作示范区；中国扶贫基金是 BCI 一期的重要出资方，中国科学院西双版纳热带植物园早在 2007 年就开始担任一期跨境廊道项目的技术支持。在机制创新方面，中国是澜湄环境合作、中国—东盟环境合作的首倡者；中国倡导建设“一带一路”生态环保大数据服务平台，吸纳 100 多个国家的生物多样性相关数据；通过实施绿色丝路使者计划，先后为 120 多个共建国家培训人员 2 000 多人次。② 在南南合作下，中国已支持 80 多个国家开展生物多样性保护，与 40 多个国家成为“一带一路”绿色发展国

① 张辰. 澜湄国家生物多样性保护合作成效评估与机制建设优化[J]. 东南亚纵横，2024(4)：76－90.

② 刘燕，王蕾. 加强国际合作，共建地球生命共同体[N]. 人民日报，2022－12－25(3).

际联盟合作伙伴。① 在资金技术方面，中国是澜湄合作专项基金、昆明生物多样性基金的主要筹措方，2019 年以来，中国成为《生物多样性公约》及其议定书核心预算的最大捐助国，并持续加大对全球环境基金捐资力度，现已成为最大的发展中国家捐资国，有力地支持了全球生物多样性保护。② 中国科学院东南亚生物多样性研究中心积极发挥境外优势，已与湄公河国家多次开展联合科考、学术交流和人才培养工作，为各国解决技术和人力资源难题。2021 年 10 月，中国在 COP15 大会向世界发出共建地球生命共同体的倡议，引起各国强烈共鸣，充分展现了中国面对全球生态危机时的责任与担当。中国在理念、资金和技术方面拥有履约优势。

（二）东盟与其他国际组织相关机制

东盟作为东南亚地区的重要国际组织，在区域生态安全合作中扮演着至关重要的角色。其通过制定一系列政策、标准和行动计划，积极推动成员国之间的生态安全合作，旨在促进地区的可持续发展和环境保护。

1. 东盟在区域生态安全合作中的角色与机制

东盟作为东南亚地区的核心组织，扮演着区域生态安全合作的协调者、推动者的角色。通过制定一系列环境政策与合作框架，推动了成员国在环境保护方面的深入协作。例如，《东盟环境战略规划（2016—2025）》旨在通过设定明确的环境保护目标和行动计划，提升区域内的生态治理水平。东盟环境合作的机制框架包括东盟环境部长级会议（AMME），东盟环境高级官员会议（ASOEN）和根据七大战略重点设置的七个下属工作组，分别为：东盟气候变化工作组（AWGCC）、东盟化学品与废物工作组（AWGCW）、东盟沿海与海洋环境工作组（AWGCME）、东盟环境教育工作组（AWGEE）、东盟环境可持续城市工作组（AWGESC）、东盟自然资源与生物多样性工作组（AWGNCB）、东盟水资源管理工作组（AWGWRM）。东盟环境部长级会议（AMME）每两年召开一次，东盟环境高级官员会议（ASOEN）及其下属工作组会议每年召开一次以监督 ASPEN 和《ASCC 蓝图

---

① 中华人民共和国国务院新闻办公室. 中国的生物多样性保护[N]. 人民日报，2021 - 10 - 09(4).

② 新华社. 白皮书：中国积极开展生物多样性保护国际合作[EB/OL]. (2021 - 10 - 08)[2024 - 01 - 30]. https://www.gov.cn/xinwen/2021-10/08/content_5641303.htm.

2025》的落实情况。[①] 这些机制与框架不仅为东盟成员国提供了一个交流与合作的平台，还确保了环境政策的连续性和执行力。

东盟通过协调各方立场和需求，促进各成员国间在环境保护方面达成共识，共同应对环境挑战。例如，东盟定期举办环境部长会议、高级官员会议等，为成员国提供了一个交流和协商的平台。东盟定期举行不同级别的领导人会议，为成员国提供了交流政策观点、讨论共同关心的环境议题以及探讨双边或多边环境难题解决方案的机会。在这些会议上，成员国可以就环境政策、项目执行等问题进行深入讨论，寻求共同解决方案。并且，东盟还通过设立专门的工作组和秘书处等机构，加强成员国之间的日常沟通和协作，确保环境合作项目的顺利实施。这种领导与协调作用，使得东盟在区域环境合作中占据了举足轻重的地位。

中国坚定支持东盟一体化进程和共同体建设。2021 年，中国—东盟科技创新启动提升计划，双方聚焦生物、信息、制造、空间、海洋、环境等共同关心的研究领域，开展联合研究。中国与周边国家山水相连，加强生态安全合作符合彼此利益。2018 年 11 月，《中国—东盟战略伙伴关系 2030 年愿景》明确提出，要加强环保、可持续发展合作。中国与东盟之间的矿业合作也不断深入，双方已连续举办了多届中国—东盟矿业论坛，在矿业勘查、开发、贸易全产业领域的合作持续深入，中国已经成为东盟重要的矿业合作伙伴。在安全机制方面，中国参加和推动区域安全合作机制发展。中老缅泰湄公河联合巡逻执法机制稳定发展，中国积极参加东盟防长扩大会议，同东盟国家举行联合反恐演练，践行共同安全、合作安全的理念，维护本地区的和平与稳定。[②]

总之，东盟在区域生态安全合作中扮演着重要的角色，自成立以来，在东盟环境合作的机制框架下，各成员国共同应对跨国生态环境问题，在环境保护和资源管理方面取得了显著进展，为积极参与全球环境治理进程，推动各国间跨境生态安全合作作出了积极贡献。

---

① 关于东盟环境合作[EB/OL]. 中国—东盟生态环境保护中心.（2021－18－26）[2025－04－09]. http://www.lmec.org.cn/chinaaseanenv/xxgx/dmhjhz/202108/t20210826_123300.html.

② 凌胜利. 总体国家安全观视野下的中国周边安全合作[J]. 国际安全研究，2024，42(4)：28－52，156－157.

2. 联合国环境规划署、亚洲开发银行等国际组织参与澜湄生态安全合作的途径

(1) 联合国环境规划署(United Nations Environment Programme)

联合国环境规划署(UNEP)作为全球环境领域的权威机构,①在推动澜湄生态安全合作方面发挥了重要作用。通过开展一系列项目和倡议,联合国环境规划署(UNEP)促进了澜湄国家在环境保护与可持续发展方面的协作。

“气候、生态与生计”(CEL)旗舰计划是联合国环境规划署启动的为期十年的旗舰计划,由联合国环境规划署和中国共同支持,把气候、生态和民生三者之间的共同作用作为最优先主题,旨在气候变化的背景下通过恢复和保护关键生态系统来帮助发展中国家改善民生。在整个项目期间,联合国环境规划署—国际生态系统管理伙伴计划(UNEP-IEMP)作为“气候、生态与生计”(CEL)牵头实施单位,致力于为各国提供以下支持:监测和评估、能力建设、技术示范、科学和政策衔接。② 在“气候、生态与生计”旗舰计划实施过程中,作为项目之一的“在澜沧江—湄公河合作框架下以生态系统管理提升生计可持续性”通过跨界地区的试点活动等,改善澜湄流域各国在采取综合生态系统管理方法方面的认识、制度、技术和融资能力。在该计划推动下,澜湄国家加强合作,不断开展相关的磋商和能力建设活动管理生态系统和改善当地生计。③

此外,联合国环境规划署与澜湄国家合作开展了一系列生物多样性保护项目。这些项目旨在保护澜湄流域丰富的生物多样性资源,防止物种灭绝和生态系统退化。例如,联合国环境规划署开发实施了澜沧江—湄公河合作框架下基于可持续生计的生态系统综合管理项目,通过在柬埔寨暹粒 Phonm Kulen 国家公园和中国云南西双版纳州景泰绿色产业橡胶种植园开展环境友好型橡胶林试点,对比分析不同改造方式的成本收益等情况,加强环境友好型橡胶林可持续管理的经验传播,评估对社区生计改善和生物多样性保护等方面的作用,提升澜湄区域国

---

① 关于联合国环境规划署[EB/OL]. 联合国环境规划署,[2025 - 04 - 09]. https://www.unep.org/zh-hans/node/34322.

② 辛闻. 联合国环境署启动“气候、生态与生计旗舰计划”[EB/OL]. 中国发展门户网,2016 - 11 - 15. http://cn.chinagate.cn/news/2016 - 11/15/content_39704965.htm.

③ 在澜沧江—湄公河合作框架下以生态系统管理提升生计可持续性[EB/OL]. 国际生态系统管理伙伴计划. http://www.unep-iemp.org/cn/project_15.html.

家对生态系统的认识，提升跨区域和跨部门的可持续生态系统管理能力。[①] 此外，联合国环境规划署资助了澜湄国家间的跨国自然保护区建设，促进了区域内濒危物种的保护和繁衍。联合国环境规划署通过一系列资金支持与能力建设，推动了澜湄国家在野生动植物贸易监管、非法猎杀和贸易打击等方面的合作，为澜湄国家有效遏制生物多样性丧失趋势作出了重要贡献。

(2) 亚洲开发银行(Asian Development Bank)

亚洲开发银行(ADB)作为区域性开发银行，在推动澜湄生态安全合作方面同样发挥了重要作用，尤其是在项目实施过程中开展资金支持与政策对话，具体而言表现为：

支持澜湄国家开展大湄公河次区域环境合作项目。该项目旨在加强澜湄国家在环境保护、资源管理以及可持续发展方面的区域合作。通过实施该项目，澜湄国家加强了环境政策对话、跨界污染治理以及生态修复等方面的工作，推动了区域环境合作向纵深发展。例如在生物多样性保护领域，亚洲开发银行(ADB)对大湄公河次区域生物多样性保护乃至整个生态治理领域的制度性话语权铺设已久，当生态问题尚处于“低政治”状态、未引起广泛重视时，亚行就已经着手占领制度高地，其依托大湄公河次区域经济合作(GMS)创建了地区较早和较为系统的生态合作体系，掌握着该领域的制度性话语权。亚行能够在异地确立起生态治理的制度性话语权，得益于其话语创新与话语实践。第一，生物多样性保护廊道作为一种新的科学的生物多样性保护模式，在大湄公河次区域创新式的应用奠定了其话语地位。亚行将其引入次区域具有一定的前瞻性和战略性，激发了各国投身于环境治理的热情，话语创新由此而来。第二，由话语到话语权的跨越需要通过话语实践。制度性话语权的确立需要各国以国家政策的形式落实倡议。生物多样性保护廊道被多国写入法律条文，生物多样性保护廊道(BCI)开始被各国纳入政策的主流，标志着其制度性话语权的形成。例如，2009 年，越南颁布的《生物多样性法》第 69 条和第 70 条中出现允许建立生物多样性走廊的法律规定，中国云南省人民政府批准在西双版纳建设生物多样性廊道，柬埔寨、老挝和越南也向亚

---

① 绿色澜湄计划：绿色低碳与可持续基础设施圆桌对话|专题二：澜湄流域生态基础设施支持社区可持续发展专家观点[EB/OL]. 中国—东盟环境保护合作中心，2022-05-25. https://mp.weixin.qq.com/s/eIyPNSOF2-9YYLRI3aZRCQ.

行提出资助申请，寻求扩大第一阶段的保护①。生物多样性保护廊道现已得到区域内的广泛认可并融入了各国的环境发展战略②，亚行也凭借这一标志性成就构建起了异地生态治理的制度性话语权，成为合作规范的提供者。

通过实施这些项目，澜湄国家在促进能源可持续发展的同时，实现了环境保护和气候变化的双重目标。这些清洁能源与能效提升项目的成功实施，不仅为澜湄国家带来了实实在在的经济和环境效益，还为区域能源合作提供了新的思路和模式。未来，澜湄国家将继续深化在清洁能源和能效提升领域的合作，共同应对气候变化挑战，推动区域可持续发展。未来，澜湄国家将继续深化在水资源管理领域的合作，共同推动区域水资源可持续利用和保护。

二、双边与多边合作模式

澜湄合作机制作为兼具双边与多边特色的合作平台，自启动以来，在双边层面，中越、中老、中泰等双边合作机制会议频密，达成诸多重要共识，推动跨境生态安全合作落地见效；在多边层面，澜湄国家通过整合区域资源，统筹协调发展需求，促进多国协同联动。云南作为面向南亚东南亚的辐射中心，依托双边合作的精准对接与多边合作的广泛联动，既深化与澜湄国家的双边务实合作，又在多边框架下凝聚发展合力，实现资源共享、优势互补，为区域生态安全合作注入强劲动力。

（一）中老、中缅、中泰等双边合作模式

近年来，中国在跨境生态保护、环境执法、生态产业合作等方面与这些国家展开了广泛的合作，共同推动区域绿色发展，促进澜湄国家命运共同体建设。云南作为中国西南边陲的重要省份，与老挝、缅甸、泰国等东南亚国家毗邻，地理位置独特，生态资源丰富，广泛参与到澜湄合作当中。

① GMS EOC. CEP-BCI phase I report：2006—2011[R/OL].（2011－12－30）[2024－02－03]. http://gms-eoc.org/uploads/resources/3/attachment/CEP-BCI%20Phase%20I%202006－2011%20Report.pdf.

② GMS. Greater Mekong Subregion Core Environment Program：Strategic Framework and Action Plan 2018—2022[EB/OL].（2018－02－01）[2024－02－03]. https://www.greatermekong.org/CEP-Strategic-Framework－2018－2022.

1. 中国与老挝的跨境生态安全合作

中国与老挝双方建立了定期会晤机制，就跨境生态保护工作进行沟通和协调，共同制订合作计划和实施方案。例如，2024 中国老挝磨憨—磨丁经济合作区生态环境保护国际交流活动在磨憨举行，进一步扩大互利合作，深化生态环境保护交流，共同推动区域绿色可持续发展。2024 年 10 月 30 日，中国云南省生态环境厅向老挝琅勃拉邦省援建的农村生活垃圾处理示范工程项目验收总结和移交会议在老挝琅勃拉邦省自然资源和环境厅举行。[①] 中国与老挝在跨境生态安全方面的合作具有深厚的基础。双方依托澜湄合作机制，共同开展了一系列生态环境保护、环境执法以及生态产业等务实合作。

(1) 跨境生态保护合作

近年来，中国与老挝在生态安全保护合作方面程度逐渐加深。随着对外交流合作的加强，中国云南西双版纳傣族自治州与老挝共建 220 万亩边境联合保护区，与老挝南塔省开展联合执法、增殖放流行动，与老挝北部南塔省、乌多姆赛省、丰沙里省 3 省建立大气污染联络机制，在长达数百公里的边境线上，携手建立起一条和谐的边境绿色生态长廊。[②]

实施环境保护技术援助项目。中国云南与老挝南塔省、琅勃拉邦省建立了环境保护技术援助合作机制，针对老挝当地环境挑战较大、民生需求较高的领域，实施了一系列技术援助项目。例如，依托澜沧江—湄公河环境合作、中国云南—老挝北部合作工作组等双多边合作机制，云南省生态环境厅与老挝琅勃拉邦省、南塔省开展务实合作，组织实施了多个技术援助和试点示范项目。目前，中国、老挝在边境大气污染防治方面积极开展合作，定期开展环境空气质量、气象、护林防火以及农业秸秆焚烧管控等，签订《边境一线森林防火工作会晤纪要》《中国、老挝边境地区大气污染防治工作会谈纪要》，加强应对重污染天气预警互通信息，实现空气质量数据、大气环境管理互联共享、动态更新。双方坚持“平等合作共同防治”

---

① 云南省生态环境厅援建中国云南省—老挝琅勃拉邦省环境交流合作农村生活垃圾处理示范工程项目顺利验收移交[EB/OL]. 云南省生态环境厅，2024－11－05. https://mp.weixin.qq.com/s/uE-LEP-mZkBusD8MG2ZBcg.

② 锚定现代化 改革再深化|携手共建边境绿色生态长廊！中国老挝积极开展跨境合作交流[EB/OL]. 云南发布，2024－08－14. https://mp.weixin.qq.com/s/-_E56Rjl81MkOX6oprSAQg.

原则,共同做好中国、老挝边境一线大气污染防治联防联控。[①] "中国云南省—老挝南塔省环境保护交流合作技术援助项目"和"中国云南省—老挝琅勃拉邦省环境保护交流合作能力建设技术援助项目",这些项目有效提升了老挝方面的环境治理能力。[②]

农村垃圾处理示范工程项目。云南省生态环境厅与琅勃拉邦省自然资源和环境厅于 2015 年签署了环境保护合作备忘录,通过将近 10 年的交流与合作,彼此间增进了互信,巩固了友谊,取得了丰硕的成果。在老挝琅勃拉邦省帕乌市援建的农村生活垃圾处理设施服务于当地 16 个村庄,配备了较为先进的垃圾热解设备及垃圾清运车和清扫工具,帮助帕乌市建立一套相对完备的垃圾收集清运系统,改善当地人居环境和卫生健康条件,提高老方垃圾处置和管理能力,进一步促进中老双方在环保技术和环境治理方面的交流与合作,为区域环境合作和绿色发展提供了良好示范。[③] 在中国云南的帮助下,老挝琅勃拉邦省的多个村庄建立了农村垃圾无害化处置示范项目,为当地民众提供了清洁的生活环境。

清洁饮用水项目。云南还参与了老挝学校的清洁饮用水项目建设,解决了数千名师生的饮水难题。[④] 通过提供先进的净水技术和设备,在老挝多个学校建立了清洁饮用水系统,不仅保障了师生的饮水安全,还提高了他们的生活质量。此外,该项目还培训了当地的技术人员,以确保系统的持续运行和维护,为老挝的长远发展贡献力量。

跨境生物多样性保护项目。云南积极推动建设跨境生物多样性保护多边合作机制。与老挝南塔省、琅勃拉邦省签署了《环境保护合作备忘录》,组织实施了老挝南塔省和琅勃拉邦省环境保护交流合作能力建设技术援助、大湄公河次区域森林生态系统综合管理规划与示范等一批项目。其中,与亚洲开发银行联合实施

---

① 2024 中国老挝磨憨—磨丁经济合作区生态环境保护国际交流活动举行[EB/OL]. 昆明新闻,2024-09-12. https://mp.weixin.qq.com/s/mIYoNnnvqqsvNDVvczWrZw.

② 云南积极打造绿色澜湄合作样板[EB/OL]. 中新网云南,2024-11-22. https://www.yn.chinanews.com.cn/news/2024/1122/78496.html.

③ 云南省生态环境厅援建中国云南省—老挝琅勃拉邦省环境交流合作农村生活垃圾处理示范工程项目顺利验收移交[EB/OL]. 云南省生态环境厅,2024-11-05. https://mp.weixin.qq.com/s/uE-LEP-mZkBusD8MG2ZBcg.

④ 云南积极打造绿色澜湄合作样板[EB/OL]. 中新网云南,2024-11-22. https://www.yn.chinanews.com.cn/news/2024/1122/78496.html.

“大湄公河次区域核心环境计划和生物多样性保护廊道规划”项目，促进了西双版纳国家级自然保护区和老挝南塔国家公园之间的生态廊道及核心区生物多样性的保护，有效地推动了中老跨境地区生态、社会、经济与文化的建设。[①] 中老跨境生物多样性保护行动由来已久，例如，在 2006 年初，经与老挝南塔省农林厅取得联系，尚勇管护所组织中老两国边民以走亲戚、“认老庚”等形式开展交流活动，从而建起对野生动植物保护及两国政策法规宣传的信息互通共享机制。当年 4 月，西双版纳国家级自然保护区管理局邀请老挝南塔省农林厅相关人员来到景洪，举行中老边境亚洲象保护座谈会。老挝南塔省农林厅于 11 月回邀西双版纳国家级自然保护区管理局工作人员到老挝南塔省，举行了首次中老亚洲象跨境保护交流会议。由此，中老双方以官方形式正式开启了中老跨境生物多样性联合保护行动计划。在确立组织边民交流、跨境技能培训、开展联合监测巡护、加强社区宣传工作、设立联合保护标识、中方向老方跨境援助支持和积极争取项目支持 7 方面的合作内容后，中老双方于 2009 年正式划定第一片中老跨境联合保护区域——“中国西双版纳尚勇—老挝南塔南木哈生物多样性联合保护区域”，拉开了中老生物多样性跨边境联合保护的序幕。一年后，中老边境一线新增 3 片联合保护区域。[②]一条南起老挝南塔省南木哈国家级自然保护区，北至中国西双版纳勐腊子保护区，长约 220 公里、面积约 20 万公顷的跨境联合保护区域形成，开启了中老跨边境生物多样性联合保护的新篇章。[③]

(2) 跨境环境执法合作

在环境执法方面，中国与老挝也开展了密切的合作。双方共同合作打击跨境环境违法行为，为维护区域生态环境安全提供了重要支撑。

中老双方定期举行联合执法行动，对跨境地区的非法排污、非法砍伐、非法狩猎等环境违法行为进行严厉打击。这些行动不仅有效遏制了环境违法行为的蔓延，还提高了双方执法机构的协作能力和效率。同时，双方还建立了信息共享机

① 云南积极构建跨境生物多样性保护廊道 筑牢国家西南生态安全屏障[EB/OL]. 中国网，2021-05-14. http://union.china.com.cn/txt/2021-05/24/content_41571439.html.

② 锚定现代化 改革再深化|携手共建边境绿色生态长廊！中国老挝积极开展跨境合作交流[EB/OL]. 云南发布，2024-08-14. https://mp.weixin.qq.com/s/-_E56Rjl81MkOX6oprSAQg.

③ 锚定现代化 改革再深化|携手共建边境绿色生态长廊！中国老挝积极开展跨境合作交流[EB/OL]. 云南发布，2024-08-14. https://mp.weixin.qq.com/s/-_E56Rjl81MkOX6oprSAQg.

制，及时交流环境执法信息和经验，共同提升环境执法水平。随着跨境生态安全合作的深入开展，云南西双版纳州农业部门于2015年6月11日与老挝南塔省签订澜沧江—湄公河渔业资源保护合作框架协议。西双版纳州渔业部门与老挝南塔省自然资源与环境厅开展了多层次全方位合作，通过“请进来、走出去”的方式，为老方政府部门技术人员和村民提供水产养殖技术培训，向老挝南塔省下辖的勐新、南连、勐龙、南塔、乌央普卡5地村民赠送鱼苗，帮助其开展澜沧江—湄公河土著鱼类养殖，以减少对天然鱼的捕捞。中老双方达成协议，在勐腊县关累码头至老挝勐新县梭不腊村40公里江域建立共同渔业保护区，双方负责各自管辖范围内保护区的管理，并适时组织跨境巡护和水面联合执法。中方还应邀多次前往老挝南塔省、乌多姆赛省举办水资源保护和土著鱼驯养繁殖技术培训，通过共同努力，双方在环保和自然资源管理、渔业合作、渔业养殖技术、水资源生态安全等方面的合作取得良好成效。①

（3）跨境生态产业合作

在生态产业合作方面，中国与老挝充分发挥各自优势，共同推动绿色产业的发展。这种生态产业合作不仅助推两国边境地区的繁荣稳定，也为全球范围内的跨境生态产业发展提供了有益借鉴。

在林业方面，双方共同开展森林保护、林业资源开发等合作项目。通过合作，有效保护了区域森林资源，促进了林业经济的可持续发展。例如，中国与老挝共同签订《中华人民共和国云南省江城县与老挝人民民主共和国丰沙里省约乌县关于边境地区重大林业有害生物联防联控备忘录》《中华人民共和国云南省江城县与老挝人民民主共和国丰沙里省约乌县关于边境地区森林防灭火联防联控备忘录》，进一步加强森林草原防灭火及野生动植物保护联防联控工作。此外，中国还与老挝签订边境联防联控友好协议，每年春季提前部署候鸟迁飞期间候鸟保护和疫源疫病监测防控工作，防止乱捕滥猎滥食等违法行为的发生。②

此外，中国与老挝在跨境生态保护合作中，注重人才培养与交流。通过互派专家、学者进行学术交流和技术培训，提高了双方在生态环境保护领域的专业水

① 锚定现代化　改革再深化|携手共建边境绿色生态长廊！中国老挝积极开展跨境合作交流[EB/OL]. 云南发布，2024-08-14. https://mp.weixin.qq.com/s/-_E56Rjl81MkOX6oprSAQg.

② 江城县强化生态保护措施　筑牢边境生态屏障[EB/OL]. 生态环境江城分局　普洱市生态环境局江城分局，2025-02-21. https://mp.weixin.qq.com/s/ok1WIVSkyFBBiEUD7rtjAQ.

平和合作能力。同时，双方还共同举办培训班、研讨会等活动，促进了知识共享和经验交流。例如，在中老双方的共同努力下，边民交流会、生物多样性保护项目工作推进会和培训会进入常态。其中，红外相机、GIS在项目培训中被列为重点，总受训项目工作人员超过上百人次，有效提升了项目双方管理机构人员的工作技能和项目执行能力。[①] 与此同时，中国与老挝在农业、清洁能源、生态园区建设等方面也开展了深入的合作，通过合作，不仅促进了双方经济的可持续发展，也为应对全球气候变化作出了积极贡献。

2. 中国与缅甸的跨境生态安全合作

依托澜湄合作机制，中国与缅甸在跨境生态保护、环境执法与生态产业等方面的合作也取得了显著成效，这些合作项目为中缅以及其他澜湄国家开展跨境生态安全合作提供了有益参考和示范。

(1) 跨境生态保护合作

生物多样性保护合作。中缅双方共同开展了生物多样性保护合作项目，包括野生动植物保护、自然保护区建设等方面。通过合作，有效保护了区域生物多样性资源，促进了生态系统的平衡和稳定。中国积极推动建设跨境生物多样性保护多边合作机制，与缅甸签订"中缅边境资源保护联防协议"，合作开展跨境生物多样性保护合作项目，组织实施中缅经济带生态变化研究，[②]取得了良好的效果。

生态环境治理合作。为了应对跨境环境污染问题，中国与缅甸还共同开展了生态环境治理合作项目。双方通过共享环境监测数据、联合执法等方式，有效改善了跨境区域的生态环境质量。同时，双方还加强了在垃圾处理、废水排放等方面的合作，共同推进了区域环境治理的进程。例如，2024年6月3日，"六·五"世界环境日，中国瑞丽—缅甸木姐交流互鉴系列活动在德宏州瑞丽市姐告国门广场启动。双方共同回顾近年来在生态环境保护方面的交流合作成果，就开展双边生态环境保护、垃圾和污水处理、共同建设好人与自然和谐共生的美丽家园进行坦诚交流。中缅双方一致同意贯彻落实《中缅边境管理与合作协定》，积极推进建立健全生态环保工作联系联络机制，联合开展边境口岸和边境河流巡视巡查，进

---

① 锚定现代化　改革再深化|携手共建边境绿色生态长廊！中国老挝积极开展跨境合作交流[EB/OL]. 云南发布，2024-08-14. https://mp.weixin.qq.com/s/-_E56Rjl81MkOX6oprSAQg.

② 云南积极构建跨境生物多样性保护廊道　筑牢国家西南生态安全屏障[EB/OL]. 中国网，2021-05-14. http://union.china.com.cn/txt/2021-05/24/content_41571439.html.

一步深化双方生态环境保护交流合作，为两国边民健康生活创造良好的生态环境，以务实行动落实全球发展倡议，续写“胞波”情谊，推动建设更加紧密的中缅命运共同体。[①]

(2) 跨境环境执法合作

在环境执法方面，中国与缅甸不断加强合作与交流，双方在环境法规方面积极磋商，在联合执法方面加强协作，共同合作打击跨境环境违法行为，为维护区域生态环境安全提供了坚实保障。具体表现为：

在环境法规交流方面，双方通过定期开展环境法规交流活动，互相学习和借鉴环境法规制定和实施的经验做法。通过交流，促进了双方环境法规体系的完善和发展。2013 年以来，中国云南—缅甸合作论坛成为滇缅加强友谊、协商合作的重要机制平台，双方围绕经贸、互联互通、农业、旅游、教育、文化等主题深入交流，凝聚携手发展的共识。[②] 在联合执法培训方面，双方还共同开展了联合执法培训活动，提高执法人员的业务水平和执法能力。通过培训，增强了双方环境执法队伍的整体素质和战斗力。2023 年以来，云南省还依托优质教育资源，聚焦缅甸技能人才需求，开展滇缅“万千百”线上技能人才培养行动。该行动计划 3 年内为缅甸培训万名青年技能人才、千名高技能人才、百名院校专业教师，培训围绕医疗卫生、农业、交通运输、生产制造、餐饮、互联网、电商服务、社会服务业等行业展开，深受缅甸青年欢迎。[③]

(3) 跨境生态产业合作

在生态产业合作方面，中国与缅甸积极发挥各自优势，双方在农业、林业、旅游业等领域开展了广泛的合作，共同推动绿色产业的发展，为维护两国边境地区的经济繁荣与生态平衡取得了显著成效。

农业是中缅双方生态产业合作的重要领域。中国与缅甸共同探索现代农业发展路径，推动农业技术交流与合作。双方共同开展农作物种植、农产品加工及

---

① 德宏州组织开展“六·五”世界环境日中国瑞丽—缅甸木姐交流互鉴系列活动[EB/OL]. 云南外事，2024-06-05. https://mp.weixin.qq.com/s/maGzXKhZLcNR09f4Y77XXw.

② 关注丨滇缅携手共筑“希望的田野”[EB/OL]. 云南发布，2024-11-03. https://mp.weixin.qq.com/s/WnyTENZ3QuDwxuz5l2h0dg.

③ 关注丨滇缅携手共筑“希望的田野”[EB/OL]. 云南发布，2024-11-03. https://mp.weixin.qq.com/s/WnyTENZ3QuDwxuz5l2h0dg.

市场拓展等项目，提高农业生产效率和产品质量。例如，双方合作推广先进的农业种植技术，如节水灌溉、病虫害绿色防控等，有效提升了当地农业的生产能力和市场竞争力。同时，双方还积极开展农产品贸易，促进农产品在两国市场的流通，为消费者提供了更多优质、安全的农产品选择。近年来，缅甸圣德龙芒果等农产品在中国市场上的知名度越来越高，云南的果蔬、花卉也逐步扩大缅甸市场。为进一步促进中缅双方农业互利合作，推动产业发展，中国与缅甸开展了广泛的技能和人才培训。如2023年7月，开展的主题为"推进农业发展　助力脱贫减贫"的缅甸官员培训班来到中国元谋县参观学习，在此次培训班中，元谋县的现代农业节水灌溉模式、育繁种、农业大数据发展给大家留下了深刻印象，通过"构建农林复合系统实现'林光互补'，推动了环境和经济可持续发展"。[①]

在林业方面，双方共同开展森林保护、林业资源开发等合作项目。通过合作，有效保护了区域森林资源，推动了林业经济的可持续发展。中国是全球最大的木材生产国和贸易国，而缅甸森林资源丰富，拥有世界60%的柚木储量以及大量檀木、酸枝木等名贵硬木品种。中缅木材贸易往来密切，中国甚至已成为缅甸最大的木材进口国之一。2017年，中缅签订《林业合作谅解备忘录》，代表着中缅双边林业合作有了一个新的开端和方向，共同推动可持续木材贸易。[②]

生态旅游业合作基础坚实。2020年1月17日，习近平总书记在中缅建交70周年系列庆祝活动暨中缅文化旅游年启动仪式上的致辞指出："中缅文化都讲一个'缘'字。两国地缘相近、人缘相亲、文缘相通，胞波情谊历经千年始终如一，是双边关系发展的动力和源泉。"[③]依托丰富的自然和人文资源，中国与缅甸在旅游领域也展开了广泛的合作。双方共同开发旅游资源，打造特色旅游线路，提升旅游服务质量，不仅促进了双方旅游业的快速发展，也为两国人民提供了更多了解彼此文化、增进友谊的机会。例如，双方联合举办旅游文化节、文化交流活动等，加深了两国人民之间的了解和友谊。2016年，德宏州旅游行业协会与缅甸木

① 关注丨滇缅携手共筑"希望的田野"[EB/OL]. 云南发布，2024－11－03. https://mp.weixin.qq.com/s/WnyTENZ3QuDwxuz5l2h0dg.

② 携手同心，中缅林业合作取得新突破[EB/OL]. 永续全球环境研究所，2017－04－18. https://mp.weixin.qq.com/s/RObf6fQjB9JIA2j2r0ySYQ.

③ 习近平新年首访：有"缘"千里来相会[EB/OL]. 新华网，2020－01－19. https://www.xinhuanet.com/politics/xxjxs/2020－01/19/c_1125481228.htm.

姐—南坎边境旅游管理委员会签订了《中缅边境跨境旅游友好合作协议书》。[①] 2017 年，在瑞丽旅游局的沟通协调下，中方旅游企业和缅甸木姐—南坎相关旅游企业签订《中缅边境一日游承办经营八项承诺》《中缅边境一日游境外接待服务六项承诺》，共同承诺规范经营服务行为，提高服务水平和质量，维护好边境旅游行业秩序，强化两国的交流与合作，开启中缅边境旅游新局面。近年来，中缅双方先后成功举办了 10 余场文化活动，定期和不定期举行中缅边境旅游交流合作研讨会、“中缅旅游月”、中缅胞波狂欢节等系列活动。特别是 2017 年 5 月 16 日，习近平总书记在“一带一路”国际合作高峰论坛上会见缅甸国务资政昂山素季时，强调继续深化旅游、文化、媒体交流合作，夯实中缅友好民意支撑，瑞丽再次迎来了重大发展机遇。瑞丽的中缅文化旅游成为民众了解中缅边境民族文化特色和民族风情的重要平台。[②]

3. 中国与泰国的跨境生态安全合作

中泰两国在跨境生态安全合作方面已具备良好基础，双方在农业、旅游业等多个层面展开合作并取得了实质性进展，进一步推动区域生态治理体系的完善与可持续发展目标的实现。

中国与泰国在农业领域开展了广泛的合作。例如，中国与泰国加大农业科技和贸易投资协作、促进畜牧业、种植业等方面的科技合作。截至 2023 年，中国在泰国投资设立 5 家农业企业，累计投资额为 337 万美元，主要涉及蔬菜、食用菌及园艺作物种植等。双方共同开展农作物种植技术交流、农产品贸易等活动，促进了双方农业产业的协同发展。2023 年中国云南与泰国农产品出口额为 1 149 352 万元人民币，同比增长 22.2%。[③] 除开展贸易活动外，双方还加强了农业技术培训和人才培养工作，提高了农业生产的科技水平和经济效益。

中国与泰国在跨境旅游合作方面展开了积极的探索与实践并取得了显著成效。例如，2024 年 3 月 1 日，中泰互免持普通护照人员签证协定生效，两国迈入“免签时代”。双方通过共同举办旅游文化节庆活动、开通多条直飞航线、推动旅

① 周琳. 缅甸入境旅游市场开发研究[D]. 昆明：云南师范大学，2016.

② 共饮一江水 中缅情无限：“中缅建交 70 周年”中缅文化旅游合作成果丰硕[EB/OL]. 德宏文旅，2020-06-12. https://mp.weixin.qq.com/s/Z42xpqHtjtrEYe6OTPsGlA.

③ 云南与湄公河五国开展了哪些农业合作？一组海报带你了解[EB/OL]. 云南省农业农村厅，2024-11-21. https://mp.weixin.qq.com/s/Xod3K9sVRe7aXksb7U4-yQ.

游签证便利化等措施,共同开发旅游资源,推动区域旅游产业的发展。同时,双方还加强了旅游市场监管和合作机制建设,提高了旅游服务质量和游客满意度,有效促进了两国人民之间的往来与交流。这些合作不仅丰富了中泰两国的旅游市场,也为两国带来了可观的经济效益和社会效益,更加深了双方人民之间的友谊和交流。

总之,中国与老挝、缅甸、泰国等澜湄国家在跨境生态保护、跨境环境执法、跨境生态产业合作等方面开展了广泛的双边合作,并取得了显著成效,不仅促进了双方经济的可持续发展和生态环境的改善,还为推动跨境生态安全合作提供了重要示范。

(二)澜湄六国多边合作的创新实践

澜湄六国共同拥有澜沧江—湄公河这一宝贵的水资源。该河流全长 4 880 公里,滋养着流域约 80 万平方公里内的 3.26 亿人民,是六国山水相连、命运相系的纽带。[①] 作为首个由流域六国共同创建的新型区域合作平台,澜湄合作机制引领作用更加明显,已成为地区合作的“金色平台”。澜湄六国发扬驰而不息的“推土机”精神,推动打造高质量共建“一带一路”示范区、全球发展倡议先行区、全球安全倡议实验区和全球文明倡议首善区,推动澜湄国家命运共同体落地生根、走实见效。[②] 近年来,澜湄六国在生态安全联合研究、联合执法巡逻、生态补偿机制构建以及绿色发展协同推进等方面不断探索创新合作模式,取得了显著成效,为提升区域整体可持续发展水平,全球生态治理贡献了澜湄智慧和方案。

1. 生态安全联合研究的创新实践

生态安全联合研究是澜湄六国合作的重要基石。六国在气候变化、生物多样性保护、水资源管理等领域共同开展科学研究,分享数据和经验,为制定科学合理的环境保护政策提供了有力支持。

(1) 澜湄区域环境合作战略与联合研究

一方面,澜湄国家积极落实行动框架。澜湄国家于 2023 年共同发布《澜沧

---

① 鲍志鹏.澜湄国家打造文明交流互鉴“金色平台”[EB/OL].中国国家问题研究院,2025-01-07. https://www.ciis.org.cn/yjcg/sspl/202501/t20250107_9483.html.

② 中国东盟报道:澜湄合作 2024 年度十大新闻[EB/OL].2025-01-20.http://www.lmcchina.org/2025-01/20/content_43016105.htm.

江—湄公河环境合作战略与行动框架 2023—2027》，明确将生态系统管理与生物多样性保护作为核心任务。例如，六国联合开展“澜湄区域可持续基础设施投资建设与投融资研究”“中老交通廊道与生态走廊建设遥感监测研究”等 40 余项课题，为区域环境政策制定提供科学依据。①

另一方面，澜湄国家主动开展科学研究。其主要工作包括：联合共建“一带一路”国家和地区的科技人员完成中缅野外生物多样性联合科考、中老跨界地区生物多样性野外科考，完成生物多样性调查和编目；推动建立中国西南—中南半岛大型森林样带实验平台，建设生物多样性长期动态监测体系；支持建立东南亚生物多样性信息平台和中国两栖类数据库，建设生物多样性信息库和共享机制。依托东南亚中心，资助培养缅甸、泰国、老挝等澜湄国家研究生 139 人，通过系列培训班培训澜湄国家科技人才近 900 人次。联合启动“中缅生态友好示范林项目”“秒乌古城居民安全饮用水项目”“中国杂交水稻试验示范项目”等，促进区域可持续发展和民生福祉。②

(2) 水资源与灾害联合监测

澜湄国家积极落实《澜湄水资源合作五年行动计划(2023—2027)》，开展了澜沧江源联合考察、洞里萨湖和湄公河三角洲联合考察等项目；面对台风、洪旱等灾害，深化水资源可持续开发利用、水文信息、防灾减灾、饮用水安全、大坝安全、能力建设、人员培训以及全流域管理等领域务实合作。例如，2024 年 7 月，澜湄六国澜沧江源联合考察活动在青海举行。12 月 10 日至 12 日，澜湄水资源合作中心在中国云南成功举办“澜湄行”活动。来自柬埔寨、老挝、缅甸、泰国和越南的驻华使节，中方代表及媒体记者共约 50 人参与，围绕“携手应对气候变化，提升流域水旱灾害防御能力”主题展开深入交流。各方表示，将坚定落实澜湄合作共识，深化水资源可持续开发利用等领域务实合作，共同推动澜湄水资源合作迈上新台阶。③

---

① 中国新闻网：澜湄六国携手提升环境治理能力[EB/OL]. 2024-05-28. https://www.chinanews.com.cn/sh/2024/05-28/10224852.shtml.

② 中华人民共和国生态环境部：关于政协十四届全国委员会第一次会议第 01731 号(资源环境类 108 号)提案答复的函[EB/OL]. 2023-07-29. https://www.mee.gov.cn/xxgk2018/xxgk/xxgk13/202311/t20231106_1055212.html.

③ 中国东盟报道：澜湄合作 2024 年度十大新闻[EB/OL]. 2025-01-20. http://www.lmcchina.org/2025-01/20/content_43016105.htm.

(3) 澜湄流域塑料垃圾治理跨国合作

随着澜湄国家城市化和工业化进程加快，塑料污染问题日益严重，已成为威胁水资源安全、生态系统健康和区域可持续发展的突出问题。2024 年，国家自然科学基金—联合国环境规划署(NSFC-UNEP)支持的“澜湄流域塑料垃圾陆海迁移规律及其减污降碳治理对策研究”项目启动，泰国、越南、老挝等国科研机构联合开展塑料垃圾陆地—水环境迁移模拟与碳足迹分析。项目通过地理空间信息平台共享数据，推动建立“政策—科学—企业”协同机制，目标在 2027 年前形成区域塑料垃圾治理技术标准。该研究由中国科学院曼谷创新合作中心牵头，泰国皇太后大学循环经济研究中心、越南芹苴大学等参与，成果将直接应用于六国《澜沧江—湄公河环境合作战略与行动框架 2023—2027》中的塑料污染防治目标。[①] 该项目的推进有助于推广泰国在塑料垃圾处理方面的先进经验，加强与澜湄流域六国之间的合作，共同应对塑料垃圾带来的环境挑战，为实现区域绿色发展贡献力量。

2. 联合执法巡逻的创新实践

联合执法巡逻是澜湄国家在生态安全合作领域的重要合作形式。通过联合执法，六国共同打击跨境环境犯罪，维护流域内生态环境的稳定和安全。

通过中老缅泰湄公河联合巡逻执法机制为区域生态安全提供法治保障。2011 年，中老缅泰四国创造性地建立湄公河流域执法安全合作机制，并于当年 12 月 10 日启动首次中老缅泰湄公河联合巡逻执法行动，有力打击了流域跨国犯罪，维护了湄公河安全稳定。截至 2024 年 1 月已开展 136 次联合巡逻执法行动以及水陆查缉、分段巡航等各类联合行动 200 余次、联合实战演练 7 次。联合巡逻执法行动共护航过往商船数千艘次，成功救助遇险商船 200 余艘次，挽回各类经济损失约 2 亿元人民币。中老缅泰湄公河联合巡逻执法机制的持续运行，让“大河向善、转危为安”，更让“澜湄情谊”碧波流远、温暖民心。目前，四国执法艇平均每月水面巡逻 25 天，水面见警率平均达 80%以上，重点时间节点见警率达 100%。十几年来，中老缅泰湄公河联合巡逻执法编队践行“亲、诚、惠、容”的合作理念，探索实践澜湄执法安全合作道路，有效搭建了高层往来、业务交流、实战演练等多元

① 中国科学院环境研究中心：中心承担的 NSFC-UNEP 国际合作项目启动会在曼谷召开[EB/OL]. 2024-12-27. https://rcees.cas.cn/hz/gjj/gjhzdt/202412/t20241227_7510998.html.

化合作平台，为构建澜湄国家命运共同体做出了有益实践。[①]

3. 绿色发展协同推进的创新实践

澜湄国家在绿色发展协同推进方面，通过政策对接、技术创新、绿色金融支持和多方参与，共同制定绿色发展行动计划，推动清洁能源、农业绿色发展等重点领域合作，建立联合研究平台与示范项目，促进绿色技术转移与产业合作，构建区域绿色发展格局，为流域国家提供了可借鉴的区域绿色合作样板。

(1) 清洁能源项目合作

澜湄国家落实“绿色澜湄计划”，推动建立多项清洁能源合作项目。例如，中柬越三国合资建设的华能桑河二级水电站（柬埔寨）是东南亚最大水电项目之一，装机容量 40 万千瓦，配套建设仿自然生态洄游鱼道，每年能有效满足约 260 万人的用电需求，电站投产有效缓解了柬埔寨的用电难题。[②] 泰国乌汶叻水面漂浮光伏电站是东南亚首个集光伏、水电、储能于一体的示范项目，中国东方电气集团国际合作有限公司负责建设了位于乌汶叻的水面光伏电站。此电站对泰国具有战略重要性，其装机总容量为 31.2 兆瓦，并于 2024 年 3 月实现并网并开始发电。在双方共同努力下，电站得以顺利建成并投入使用，该合作模式为国际能源建设积累了宝贵经验。鉴于泰国土地资源稀缺但光照资源充足，此类项目恰与泰国能源发展战略相契合。乌汶叻水面光伏电站是泰国电力局推出的综合能源管理示范项目，该项目对泰国可再生能源的进步具有促进作用。同时，它作为泰国新能源领域探索的典范，体现了泰国在结合本国实际情况进行能源转型的先进经验，被老挝、越南借鉴用于湄公河沿岸光伏开发。

(2) 农业绿色转型与产业链对接

推动农业数字化转型和农业绿色发展是澜湄合作的重点。2024 年，澜湄国家农业部门落实《澜湄农业合作五年行动计划（2023—2027）》，新技术、新模式贯穿农业人才培养、技术交流、贸易往来，农业合作不断深化，为区域经济繁荣和人

---

① 中国警察网：践行亲诚惠容理念　共建美好澜湄家园[EB/OL]. 2024-01-13. https://news.cpd.com.cn/n3559/124/t_1119586.html.

② 经济日报：桑河二级水电站竣工投产　为柬埔寨最大水力发电工程[EB/OL]. 2019-01-17. https://www.yidaiyilu.gov.cn/p/77632.html.

民幸福生活注入动力。① 在澜湄合作机制的推动下，六国共同实施了《澜湄农业合作五年行动计划(2023—2027)》，推动了“丰收澜湄”项目集群的实施，这些项目的实施不仅有助于改善流域内生态环境质量，还促进了六国经济的可持续发展。例如，中国与柬埔寨、老挝等国合作推广水稻绿色增产技术，减少化肥使用；泰国榴莲智慧果园试点优化农事管理，提升可持续生产能力。由澜湄合作专项基金支持的“澜湄区域村级减贫创新项目”②在柬埔寨、缅甸等国推广有机农业，惠及2 700人。此外，六国共同制定《2030大湄公河次区域农食系统转型昆明战略框架》，推动农业绿色供应链建设。

澜湄国家还加强了农资技术合作与创新，共同推动农资产品的更新换代。随着全球对环境保护意识的增强，澜湄国家农资产品正逐步向环保、高效、智能方向发展。水溶肥、有机肥等新型肥料的推广，不仅减少了化肥农药的使用量，还提高了农产品的品质和安全性。此外，物联网、大数据等现代信息技术手段的应用，也为农资行业的数字化转型和智能化升级提供了有力支持。通过实现农资产品的精准投放和科学管理，澜湄国家农资行业的整体效率得到了显著提升。绿色技术创新是澜湄六国绿色发展协同推进的重要支撑，六国在绿色技术研发、推广和应用方面进行了积极探索。

综上，澜湄国家山水相连、人文相通，是天然的合作伙伴。在合作日益深化、利益紧密交融的基础上，澜湄国家在生态安全与绿色发展方面展开了多层次、宽领域的多边合作项目。未来，六国将继续秉持“共商、共建、共享”的原则，携手推动区域生态安全与绿色发展的不断前进，为开展跨境生态安全合作，构建澜湄国家命运共同体作出新的更大贡献。

---

① 中国东盟报道：澜湄合作2024年度十大新闻[EB/OL]. 2025-01-20. http://www.lmcchina.org/2025-01/20/content_43016105.htm.

② 中国驻缅甸大使馆：中国驻缅甸大使馆出席澜湄区域村级减贫创新项目竣工仪式[EB/OL]. 2024-12-03. http://www.lmcchina.org/2024-12/03/content_42980082.htm.

第二节　云南在现有机制下的参与实践与角色

云南，作为中国西南边陲的重要省份，以其独特的地理位置、丰富的生物多样性和复杂的生态环境，在跨境生态安全合作方面发挥着举足轻重的作用。云南依托澜沧江—湄公河、中国—东盟、大湄公河次区域等区域环境合作机制，与澜湄国家在跨境生态领域开展了相关政策对话、能力建设等合作，取得积极进展。这些参与实践充分体现了云南在区域生态合作中的桥梁作用，也为深化澜湄国家命运共同体建设注入了新的活力。

一、云南在跨境生态保护项目上的角色

云南积极参与跨境生态保护项目的实施，通过与国际组织、周边国家以及国内相关部门的合作，共同推动跨境区域的生态环境保护工作，这些项目涵盖了生物多样性保护、水资源管理等多个领域。

（一）跨境生物多样性保护

云南在跨境生物多样性保护方面做出了有益探索。云南陆上边境线长4 060公里，占我国陆上边境线的近1/5，与缅甸、老挝、越南等澜湄国家山水相连。《中国生物多样性保护战略与行动计划》中将云南省的10个边境区域划定为生物多样性保护优先区域，[①]做好该区域的跨境生物多样性保护，构建跨境生物安全和资源安全保障体系，对维护好国家和区域生态安全、筑牢西南生态安全屏障具有重要意义。[②]

2006年，云南在中老边境一线建立了5片“中老跨境联合保护区域”；2009年签订了《中老跨边境联合保护区域项目合作协议》并共同划定了“中国西双版纳尚

① 巩合德.云南省跨境生物多样性保护成效、问题及路径[J].创造，2021(5)：50－55.

② 王煜阳.2021年“国际生物多样性日”新闻发布会模拟同传实践报告[D].昆明：云南师范大学，2022.

勇—老挝南塔南木哈生物多样性联合保护区域”。随着合作参与度的提升，老挝越来越多的省份加入跨境联合保护中，日前已建立起面积约 20 万公顷的“中国云南西双版纳—老挝北部三省跨边境联合保护区域”。一方面，云南省着力推进跨境生物多样性保护廊道建设，大力帮扶跨境区域的可持续发展，组织实施中缅经济带生态变化研究、老挝南塔省和琅勃拉邦省环境保护交流合作能力建设技术援助、大湄公河次区域森林生态系统综合管理规划与示范等项目。① 在促进生态廊道及核心区生物多样性保护的同时努力改善社区生计，有效地推动了跨境地区生态、社会、经济与文化的建设。另一方面，注重加强跨境生态安全合作中的人文交流。云南省积极为周边发展中国家提供人员技能培训和发展经验分享。2015 年以来，围绕生物多样性资源可持续利用与管理、生物安全、生物多样性价值评估、污染防治、环境政策等内容，针对南亚、东南亚等地区在云南省举办 40 余期国际培训，在缅甸建立中国科学院东南亚生物多样性研究中心，聚焦生物多样性领域，开展联合科学考察、重大科学研究、政策咨询与人才培养等工作。② 引领全球生物多样性治理新征程，跨境生物多样性保护的“中国方案”愈发得到各个国家的认可和支持。

2021 年《昆明宣言》承诺，十年内扭转全球生物多样性丧失的局面。要积极拓展跨境合作渠道和方式，贡献中国智慧和经验，使跨境生物多样性保护合作从中国周边扩展到共建“一带一路”国家及更多国家，携手应对全球生物多样性挑战，为实现人与自然和谐共生、共建地球生命共同体的美好愿景发挥更大的作用。③ 为顺应全球生物多样性保护趋势，合力保护澜湄流域丰富的生物多样性资源，云南与澜湄国家共同开展了多个生物多样性保护项目，如中老跨境生物多样性联合保护区域生态示范村试点项目等。这些项目通过设立保护区、开展濒危物种保护、加强生态监测等措施，有效保护了跨境区域的生物多样性。

（二）水资源管理项目

“我住江之头，君住江之尾。彼此情无限，共饮一江水”。这段诗篇，不仅反映

① 王煜阳. 2021 年“国际生物多样性日”新闻发布会模拟同传实践报告[D]. 昆明：云南师范大学，2022.

② 王煜阳. 2021 年“国际生物多样性日”新闻发布会模拟同传实践报告[D]. 昆明：云南师范大学，2022.

③ 韩斌. 跨境生物多样性保护的云南探索[Z]. 中共云南省委党校云南行政学院，2022-08-06.

了澜湄国家的共同命运与共同愿景，而且彰显了这些国家在水资源合作上的重要性。对于中国而言，主要在于水电开发、水利设施建设、水运商业航道的综合发展与安全合作；缅甸主要涉及航运安全合作与水电开发；老挝则侧重于水电开发；泰国与越南多用于农业灌溉；柬埔寨较为关注渔业发展与水利开发。云南与澜湄国家建立了跨境水资源信息共享机制，加强了在水资源监测、预警和应急响应等方面的沟通与协作。通过这些项目的实施，跨境区域的水资源得到了更为有效的管理和保护，为当地居民的生产和生活提供了稳定的水资源保障。云南目前已实现了与越南、老挝、缅甸三国的局部电力联网并开展了电力贸易，与越南、老挝、缅甸、柬埔寨等国的清洁能源合作成效显著。①

二、云南在区域合作中的角色

云南作为中国与东南亚、南亚国家的重要连接点，其在区域合作中发挥着不可或缺的桥梁与示范作用。云南积极投身澜湄区域合作机制建设，凭借自身区位优势，深度参与同澜湄国家的跨境生态安全合作，为区域合作提供坚实保障。同时，云南不断强化与国际组织以及周边国家的合作交流，积极落实一系列合作项目，有力促进了澜湄区域的共同繁荣与发展。

（一）加强与国际组织和周边国家的合作与交流

云南积极参与大湄公河次区域经济合作机制的建设和完善工作。通过参与该机制下的各项活动和项目，云南成功推动了跨境区域生态环境保护、经济发展和社会进步等方面的合作与交流。同时，云南还积极参与该机制下的政策对话和协调机制的建设工作，为推动区域合作的深入发展作出了重要贡献。

云南积极加强与国际组织和周边国家的合作与交流，通过签署合作协议、开展联合项目等方式，推动了跨境区域生态环境保护工作的深入发展。这些合作与交流不仅提高了云南在国际舞台上的知名度和影响力，还为推动跨境区域生态环境保护工作的持续发展提供了重要支撑。例如，中国科学院下属的昆明植物研究所、昆明动物研究所、西双版纳热带植物园等单位发挥优势科技力量，长期致力于

① 国际化|“澜沧江—湄公河”水资源合作：沿线国家的共同选择[EB/OL]. 云南省能源研究所，2017－07－17. https://mp.weixin.qq.com/s/z38x0RJoLINBZ278DmNv-w.

推动与澜湄国家生物多样性领域的科技合作交流。2015年,依托西双版纳热带植物园成立了中国科学院东南亚生物多样性研究中心,与澜湄国家开展了联合科考、项目合作、人才交流和创新平台共建等诸多工作。[①] 此外,云南还与联合国开发计划署、世界自然基金会等国际组织在生物多样性保护、森林植被恢复等领域开展了多项合作与交流活动。

云南积极加强与周边国家的合作与交流工作,成功推动了跨境区域生态环境保护、经济发展和社会进步等方面的合作与交流。例如,云南与老挝、缅甸等国家在生物多样性保护、水资源管理等领域开展了多项合作与交流活动。这些活动不仅促进了双方之间的友好关系的发展,还为推动跨境区域生态环境保护工作的持续发展提供了重要支撑。

(二)推动区域合作项目的实施与成果分享

云南积极推动区域合作项目的实施与成果分享工作。通过与国际组织、周边国家以及国内相关部门的紧密合作,云南成功推动了多项区域合作项目的实施,并在这些项目中取得了显著成果。例如,澜湄地区创新走廊建设高官会首次会议在云南昆明召开,澜湄区域犯罪治理经验交流会暨"海鸥行动"启动仪式在云南昆明举行,等等。这些会议的召开与达成的共识以及所取得的成果不仅为云南自身的生态环境保护工作提供了有力支持,还为周边国家的生态环境保护工作提供了有益借鉴和示范。

三、云南积极打造绿色澜湄合作样板

2024年是澜湄合作倡议提出10周年,澜湄合作成为地区合作的"金色平台"。环境合作作为澜湄合作的重要领域,绿色已逐渐成为澜湄合作的鲜明底色。近年来,云南聚焦生态文明建设排头兵及面向南亚东南亚辐射中心定位,充分发挥"澜沧江—湄公河环境合作云南中心"平台作用,与澜湄国家开展了生态环境治理、环境能力建设、环境技术援助、公众环境教育等务实合作,巩固互联互信基础,

---

① 中华人民共和国生态环境部:关于政协十四届全国委员会第一次会议第01731号(资源环境类108号)提案答复的函[EB/OL]. 2023-07-29. https://www.mee.gov.cn/xxgk2018/xxgk/xxgk13/202311/t20231106_1055212.html.

拓展环境合作领域,促进区域绿色发展,推动澜湄国家命运共同体建设云南实践不断取得新成效。

(一)绿色示范项目引领作用凸显

云南地理位置独特,生态资源丰富,随着共建"一带一路"倡议、中国—东盟合作、"澜湄环境合作"的不断推进,云南生态环保国际交流合作不断深化,合作水平不断提升,绿色示范项目引领作用更加凸显。

随着滇老合作走深走实,云南省生态环境厅与老挝南塔省、琅勃拉邦省资源和环境厅建立合作机制,在友好协商的基础上,针对老挝当地环境挑战较大、民生需求较高的领域实施完成了"中国云南省—老挝南塔省环境保护交流合作技术援助项目""中国云南省—老挝琅勃拉邦省环境保护交流合作能力建设技术援助项目""中国云南省—老挝琅勃拉邦省环境交流合作农村垃圾处理示范工程项目""中国云南省—老挝琅勃拉邦省和平中学清洁饮用水项目"等一批示范项目。其中,垃圾处理示范工程项目为老挝琅勃拉邦省 16 个村庄的 9 000 余人提供农村垃圾无害化处置示范;两个清洁饮用水项目解决了 4 000 多名老挝师生日常饮水难题。项目的实施为当地民众解决民生问题,提高生活水平,进一步促进中老双方在生态环保技术和环境治理方面的交流与合作。

此外,云南在编制和完善环境管理规划、提高管理人员环境治理能力、提升环保监测技术能力、改善学校环境基础设施等领域,与老挝南塔省和琅勃拉邦省开展一批务实合作项目,联合开展了老挝南木哈国家级自然保护区生物多样性摸底调查,云南省专家团队指导南塔省完成《南塔省环境行动计划(2016—2020)》编制工作。

(二)绿色澜湄合作样板持续释放新动能

云南充分发挥区位优势,与周边国家深入开展生态环境保护国际合作与交流,积极参与大湄公河次区域、澜沧江—湄公河环境合作、中国云南—老挝北部合作工作组等多双边区域合作机制建设,为打造绿色澜湄合作样板做出有益尝试。

在过去 10 年间,云南与老挝、缅甸和柬埔寨等澜湄国家建立合作基础,共享合作机遇,持续释放澜湄环境合作发展新动能。自 2018 年以来,云南与生态环境部对外合作与交流中心联合举办 7 届澜沧江—湄公河环境合作圆桌对话活动,促进澜湄国家官员、专家学者在环境政策、气候变化、生态系统管理等方面进行深入交流探讨，加快澜湄流域绿色低碳发展步伐。2024年，云南省生态环境厅与柬埔寨、缅甸、越南、泰国等生态环境部门进行开创性的合作探索。云南与柬埔寨环境部自然保护区总局确认双边合作意向和合作可行性，计划为其提供必要监测设备开展澜湄流域重点断面水质监测，为做好澜沧江—湄公河水环境联合治理提供经验和技术支撑。云南分别与缅甸、越南驻昆总领馆就推动建立生态环境对话交流进行探讨，同意在双多边合作机制下，进一步强化交流互动，在跨境水生态环境保护、大气环境污染防治、农村环境综合治理、生态环境治理能力建设等共同关心的问题上推动开展务实合作，落地实施一批改善周边地区民众生活环境质量、提高环境治理能力的合作项目。①

综上，澜沧江经中国云南出境后称为湄公河，先后流经缅甸、老挝、泰国、柬埔寨和越南五国。澜湄合作是由中、柬、老、缅、泰、越六国共同发起和建设的新型次区域合作机制。作为中国参与澜湄合作的前沿省份，云南与湄公河国家科研机构合作共建34个国际联合创新平台；累计完成150次中老缅泰湄公河联合巡航，依托澜湄职业教育基地培训8.2万人；2024年，该省共招收湄公河五国留学生7 000余名。② 云南进入“澜湄周”时间，澜湄合作不仅为云南与湄公河国家之间的友好关系注入了新的活力，也为推动区域可持续发展、增进各国人民福祉作出了积极贡献。通过澜湄合作，云南与澜湄国家在环境保护、水资源管理、教育交流等多个领域实现了互利共赢，促进了区域间的互联互通和共同发展。展望未来，澜湄合作将继续深化，云南也将继续发挥其在澜湄合作中的独特作用。通过加强政策沟通、设施联通、贸易畅通、资金融通和民心相通，澜湄国家将共同推动区域合作向更高水平、更宽领域发展，为构建澜湄国家命运共同体注入新的动力。

---

① 云南积极打造绿色澜湄合作样板[EB/OL]. 中新网云南，2024－11－22. https://www.yn.chinanews.com.cn/news/2024/1122/78496.html.

② 云南省2025年“澜湄周”启动　将开展29项澜湄合作活动[EB/OL]. 云南新闻网，2025－03－21. https://www.chinanews.com.cn/gn/2025/03-21/10387099.shtml.

第五章　云南参与澜湄跨境生态安全合作的机遇与挑战

云南参与澜湄国家跨境生态安全合作的过程中,既面临前所未有的机遇也具有复杂多变的挑战。在机遇层面,各国政府达成的政策共识以及区域合作组织搭建的协作平台,为跨境生态安全合作提供了坚实的政策保障。澜湄国家山水相连,拥有深厚的历史渊源和紧密的地缘联系,为推动云南参与澜湄国家跨境生态安全合作提供了天然的桥梁纽带。但是,澜湄国家跨境生态安全合作进程中也面临着多重挑战,各国在自然资源开发利用上诉求不一致、生态保护政策与法规体系尚未实现对接以及资金技术不足等能力的差异,在一定程度上增加了云南参与澜湄国家跨境生态安全合作的难度。基于这一现状,对云南参与澜湄国家跨境生态安全合作机遇与挑战以及未来发展趋势进行深入的研究,能有效提升云南参与澜湄国家跨境生态安全合作的参与度,实现云南与澜湄国家在跨境生态安全领域的可持续发展。

第一节　云南参与澜湄跨境生态安全合作存在的机遇

云南地处我国西南边境，该地区地形复杂多变、气候条件得天独厚，因此拥有种类繁多的动物与植物等资源，被誉为“动物王国”“植物王国”以及“生物多样性王国”。[①] 作为连接南亚、东南亚的重要战略省份，云南在参与澜湄跨境生态安全合作的过程中迎来了多重机遇，既有各国政府间政策的强力支持，又拥有独特的地缘优势与丰富的自然资源，这些机遇为云南参与澜湄国家跨境生态安全领域上的深度合作提供了广阔的空间，并创造了诸多的有利条件。

一、云南参与澜湄跨境生态安全合作的政策基础

云南作为面向南亚东南亚的辐射中心，在参与澜湄国家进行跨境生态安全合作的过程中出台了许多切实可行的政策，为参与跨境生态安全合作奠定了坚实的政策保障。一方面，为了积极践行国家生态文明建设理念，云南省内制定了相关的法规政策以加强对省内生态环境的监管和治理，积极发挥云南生态文明建设排头兵的作用，在做好自身生态环境的基础上筑牢西南生态安全屏障；另一方面，凭借“一带一路”合作倡议、澜湄合作机制等合作平台，加强与澜湄国家跨境生态安全合作，积极推动澜湄国家命运共同体建设，通过政策保障与机制平台推动合作的稳步进行。

（一）云南省内自身生态文明建设中的政策支持

党的十八大以来，习近平总书记十分注重国内生态文明建设，基于云南丰富的自然生态资源这一现实，对云南的生态环境保护工作多次作出重要指示和批示，强调要把云南打造成为面向南亚东南亚辐射中心以及生态文明建设排头兵，为云南生态文明建设指明了方向。为了积极响应习近平总书记的号召，云南深入贯彻落实相关生态文明建设理念，立足自身生态发展的实际情况陆续出台了一系

① 孔垂炼．美丽云南　世界共享[N]．云南经济日报，2024－10－01(A02)．

列政策措施。云南自身在推动生态文明建设的基础上，促进了与澜湄国家跨境生态安全合作进程，并取得了显著成果，这些成果为推动澜湄区域生态安全合作提供了重要支撑。

云南省林业厅结合本省林业实际情况，积极实施生态文明建设林业十大行动计划，有力促进了“森林云南”的建设，旨在构建中国重要的生物多样性宝库以及西南生态安全屏障。[①] 该计划提出了十大核心任务，具体涵盖了生态红线保护行动，旨在严格划分生态红线区域以保障生态系统的底线安全；陡坡地生态治理行动，针对容易发生水土流失的陡坡区域进植树造林以改善生态环境；生态公益林保护行动，加强公益林的管理与维护；重点区域生态保护与修复行动，如自然保护区、重点湿地等；物种零灭绝行动，致力于保护珍稀濒危物种；高原湿地保护与恢复行动；森林生态服务功能提升行动，增强森林在涵养水源、进化空气的作用；林业产业振兴行动、推动林业产业的发展以实现生态与经济的良性互动；森林灾害防控行动、降低森林灾害对生态的破坏、生态文化建设行动等多个方面。[②] 该行动计划从不同角度对林业生态进行全方位保护与发展，有效改善了云南林业生态，为建设成为生态文明先行示范区打下了坚实的基础。十大行动计划的开展与实施在推动与澜湄国家的跨境生态安全合作中能够发挥示范和带头作用，促进澜湄区域生态保护理念的传播与可持续发展。

此外，云南发改委与云南环境科学研究院于 2014 年 4 月携手编制了《云南省生态文明先行示范区建设实施方案》，该方案明确指出要致力于把云南建设成为生态屏障建设先导区、发展方式转变先行区、边疆脱贫稳定模范区、制度改革创新实验区、民族生态文化传承区、边疆脱贫稳定的模范区、制度改革创新的实验区以及民族生态文化的传承区，从而发挥云南在全国生态文明建设中的引领作用。同年 11 月，省政府将昆明市和西双版纳州的 8 个县市区列为首批云南省生态文明县市区；12 月，国家发展改革委携手财政部、国土资源部等六部委，正式批准了这一实施方案的实施，为云南生态文明建设的深入推进提供了有力支持。[③] 通过一系列政策的扶持，筑牢了云南生态安全屏障防线，同时为云南参与澜湄国家的跨

---

① 构筑西南生态安全屏障，云南将实施林业十大行动[N]. 云南日报，2014 - 02 - 07.

② 余霞. 云南将实施林业十大行动计划　促进生态文明建设[EB/OL]. (2014 - 01 - 16)[2024 - 01 - 30]. http://yn. Yunnan. cn/html/2014 - 01/16/content_3038954. htm.

③ 王圆圆. 习近平生态文明思想在滇池沿岸乡村的实践研究[D]. 昆明：昆明理工大学，2022.

境生态安全合作奠定了良好的政策基础。

在筑牢生态安全屏障一系列行动计划的实施过程中，云南积累了大量生态环境保护的政策基础与实践经验，同时还推进了参与同澜湄国家跨境生态安全合作进程，进一步强化了双方在跨境生态安全领域的交流与合作，以更好地携手应对生态安全中所面临的挑战。

（二）云南参与跨境生态安全合作中的政策支持

云南在参与澜湄国家跨境生态安全合作中，不仅依托自身在生态文明建设中所具备的政策基础，还充分借助诸如“一带一路”合作倡议、澜湄合作机制等区域合作框架发挥自身作为中国面向南亚东南亚辐射中心的区位优势。通过这些区域性合作平台，有力地推动了云南与澜湄国家在跨境生态安全领域的深入合作，为实现区域生态可持续发展奠定了坚实的基础。

中国所倡导的“一带一路”合作倡议始终秉持共商、共建、共享的原则，将沿线国家的共同发展作为核心目标。云南作为“一带一路”面向南亚东南亚的重要节点，在这一倡议的引领下，云南加强了与周边国家的政策沟通、设施联通和贸易畅通，拓宽了与澜湄国家跨境生态安全合作的深度与广度。2017 年上半年中国发布了《关于推进绿色“一带一路”建设的指导意见》与《“一带一路”生态环境保护合作规划》等系列纲领性文件，旨在推动构建“绿色丝绸之路”。这些文件的发布表明了加强区域内生态环境保护成为“一带一路”倡议的重要内容，积极发挥生态环境保护在“一带一路”建设中的服务、支撑和保障作用。[①] 中国在积极推动建设“绿色丝绸之路”的进程中，将生态环境保护作为核心议题。与联合国环境规划署签署了《关于建设绿色“一带一路”的谅解备忘录》，累计与国家及国际组织签署 50 多份生态环境保护合作文件，与 31 个共建国家共同发起“一带一路”绿色发展伙伴关系倡议，与 32 个共建国家共同建立“一带一路”能源合作伙伴关系。[②] 澜湄国家作为共建“一带一路”国家，积极参与绿色“一带一路”建设，并作出了相应的合作规划与安排，为云南与澜湄国家在跨境生态安全领域的合作提供了合作机

① 杨美勤，唐鸣. 生态合作治理：促进“一带一路”国际合作的新动力[J]. 当代世界社会主义问题，2020(1)：157－167.

② 杨东平，刘洋. 共建清洁美丽世界：丝路青年参与促进“一带一路”绿色发展的新进展、面临的新挑战和高质量发展建议[J]. 丝路百科，2025(5)：26－31.

遇，双方在生态环境保护方面有了共同遵循的准则和目标。

此外，澜湄合作机制也是云南参与澜湄跨境生态安全合作的重要平台。澜湄合作机制以政治安全、经济和可持续发展、社会人文为三大合作支柱，生态环境保护是其中经济和可持续发展支柱的重要组成部分。2018 年澜湄合作第二次领导人会议开始将每年的 3 月 23 日这一周确定为“澜湄周”，即绿色澜湄计划，该计划持续至今，为澜湄国家间的生态环境交流提供了重要的平台。2023 年“澜湄周”活动中提到澜湄六国在生态环境保护与应对气候变化等领域开展了诸多务实合作，对澜湄国家未来五年的环境合作达成广泛共识并发布了《澜沧江—湄公河环境合作战略与行动框架 2023—2027》，在澜湄合作机制下，澜湄国家将持续加强在跨境生态安全领域的合作。[①] 该行动框架为澜湄国家深入开展流域内环境保护提供了理念遵循和行动指南，也为云南与澜湄国家在跨境生态安全合作领域提供了重要机遇。

云南作为中国连接南亚与东南亚的重要战略位置，跨境生态安全与沿线国家之间的生态环境存在着紧密的联系，在做好自身生态文明建设的基础上，积极地推进与澜湄国家的跨境生态安全合作。云南的生态文明建设成效不仅体现在自身生态环境的改善上，也体现在参与同澜湄国家跨境生态安全合作中的支撑与保障作用上。通过强化与澜湄国家间的政策沟通，云南为参与澜湄国家跨境生态安全合作构建了更为稳固的政策基础，在这一进程中加深了与澜湄国家间的相互理解和信任，助推拓宽跨境生态安全合作的领域，从而促进澜湄区域可持续发展。

二、云南参与澜湄跨境生态安全合作的地缘优势

云南与澜湄国家地缘相近、山水相依，同属于一片生态区域。紧密的地缘优势表明云南与澜湄国家在跨境生态安全保护上形成了有机统一的整体，在生物多样性协同保护和水资源协同治理等方面与澜湄国家具有很强的关联性和互补性，为云南参与澜湄跨境生态安全合作带来了多方面的独特优势。

（一）生物多样性的协同保护

澜湄区域是世界上生物多样性最丰富的区域之一，澜湄国家在地理位置上紧

---

① 《澜沧江—湄公河环境合作战略与行动框架 2023—2027》在京发布[EB/OL]. 中国东盟报道，2023-05-04. https://mp.weixin.qq.com/s/frw-G0BwIx1DJNhMXbBGxQ.

密相连,共同承载着维护区域内生物多样性安全的重大责任。生物多样性协同保护关乎流域内的每一个国家,通过深化与澜湄国家跨境的生物多样性协同保护,不仅维护了区域的生态安全,还推动了澜湄流域的绿色可持续发展。

澜湄国家与中国的云南东南部、广西南部、广东南部、海南、香港和澳门等地区,均位于印缅生物多样性热点区域,这一区域不仅是古老被子植物的摇篮与庇护所,也是物种长距离迁徙与交流的枢纽。① 生物多样性是跨境生态安全合作的重要领域,云南与澜湄国家紧密相连的地缘特点决定了双方需要共同保护跨境的生态资源。如云南西双版纳傣族自治州位于北回归线以南的热带湿润区,是中国热带生态系统保存最为完整的地区,被誉为地球北回归线上仅存的热带雨林,具有丰富的生物多样性。西双版纳拥有占地 300 多万亩的自然保护区,其中有 70 万亩属于原始森林,森林覆盖率高达近 60%。② 与西双版纳相邻的老挝北部区域也拥有同样丰富的森林资源,双方在跨境生物多样性保护上展开了深层次的交流与合作。2024 年 12 月,为推动中老双方跨境生物多样性联合保护迈向更高质量发展,在老挝乌多姆赛省举办了“中老跨境生物多样性保护第十五次交流年会”。在会议上,西双版纳州政府分别与老挝北部的南塔、丰沙里、乌多姆赛三省签署了合作备忘录。双方在跨境生态安全合作领域进行更深层次的协作,重点涉及野生动植物非法贸易、森林草原病虫害监测、跨境防灭火及联合巡护等 9 个关键领域。经过协商双方决定将跨境生物多样性联合保护区域的范围由 300 万亩扩至 500 万亩。③ 西双版纳州与老挝北部在生物多样性的合作正持续深化,双方将持续开展高质量的生物多样性保护工作。

基于中老双方地缘相近的区位优势,西双版纳州与老挝北部三省在生物多样性的联合保护上已取得了显著的成效,为云南与澜湄国家开展生物多样性的协同保护提供了宝贵的经验借鉴。云南通过不断深化与澜湄国家的生物多样性协同保护,进一步维护了流域内的生态安全与绿色可持续发展,为构建澜湄国家命运

---

① 谭珂,Pastor L. Malabrigo,任明迅. 东南亚生物多样性热点地区的形成与演化[J]. 生态学报,2020,40(11):3866－3877.

② 黄晴,尹仑. 云南省西双版纳州生物多样性保护成效与展望[J]. 西部林业科学,2024,53(4):7－12,19.

③ 中老跨境生物多样性保护年会召开[EB/OL]. 西双版纳报,2024－12－05. https://yn.yunnan.cn/system/2024/12/05/033325217.shtml%E3%80%82.

共同体贡献积极的力量。

（二）水资源的协同治理

跨境水资源协同治理是云南参与澜湄国家跨境生态安全合作中的重要内容，其凸显了澜湄各国之间相互依赖的紧密关系，共同面对着"同饮一江水，命运紧相连"的现实。

水资源领域合作是澜湄合作中的五大优先发展领域之一，基于"因水而生、因水而连、因水而兴"的自然特征，澜湄国家逐步深化在水资源协同治理上的合作。澜湄六国水资源联合工作组共同制定并实施了《澜湄水资源合作五年行动计划（2023—2027）》，在合作计划实施下定期举办澜湄水资源合作部长级会议和澜湄水资源合作论坛，积极推动水资源可持续开发利用、水文信息、防灾减灾、能力建设、人员培训等全流域治理的交流与合作。① 立足地缘优势，云南与澜湄国家在跨境水资源领域达成了广泛共识，积极为流域内的水资源协同治理与保护贡献"澜湄智慧"，并以水资源领域的协同治理促进澜湄国家跨境生态安全合作的进程。

作为澜湄流域的上游地区，云南在水资源保护问题上发挥着举足轻重的作用，积极响应澜湄合作机制下的水资源合作计划，利用自身的地理和资源优势，加强与澜湄国家在水资源领域的交流与合作。位于西双版纳州的勐远河作为一条国际性的河流，优越的水资源条件孕育着丰富的渔业资源。但近年来由于人类的过度捕捞，渔业资源正面临枯竭。西双版纳州渔业部门与老挝南塔省自然资源与环境厅展开了多层次、全方位、多领域的合作，包括实施渔业资源流放活动、签订澜湄渔业资源保护合作协议等。② 双方在渔业资源的保护上达成共识，渔业资源的保护促进了流域水资源的有效治理，不仅有助于缓解流域内面临的水资源问题，还为澜湄地区的可持续发展奠定了坚实基础。随着合作的不断深入，云南与澜湄国家在水资源协同治理上的经验和成果，将进一步推广至其它领域，推动澜湄区域跨境生态安全合作迈向新的高度。

在推动云南参与澜湄国家跨境生态安全合作中，凭借其独特的地理位置及丰富的生态资源，云南推动了流域内生物多样性的协同保护、水资源的协同治理。

---

① 澜沧江—湄公河合作第四次领导人会议内比都宣言[N].人民日报，2023-12-26(3).

② 祁文龙.西双版纳州：热区淡水渔业热潮涌动[J].致富天地，2012(11)：12-13.

与澜湄国家合作构建起澜湄流域生态安全屏障，实现跨境生态安全的有效维护，从而促进澜湄地区生态环境的持续改善与可持续发展。

三、云南参与澜湄跨境生态安全合作的技术优势

澜湄国家经济发展多以农作物为主，但是农业生产技术相对落后，在农作物产量、质量和抗病虫害预防等方面的能力存在不足。云南在提升农业产量和应对病虫灾害方面积累了丰富的经验和先进的技术，能为推动与澜湄国家的跨境生态安全合作提供有力的技术支持。

（一）推动农业高质量发展

云南在参与澜湄国家跨境生态安全合作中，还将自身的农业技术推广到了澜湄国家，通过引进技术，澜湄国家改善了当地的农业生产方式，推动农业高质量发展，促进了区域间的技术交流。2021 年 9 月 28 日，云南省农业科学院主办的以“高效育种与农业绿色发展”为主题的“第五届南亚东南亚农业科技创新研讨会”在昆明成功举办。会议期间，以澜湄合作农业科技交流协作组、大湄公河次区域农业科技交流合作组、中国—南亚农业科技交流合作组的小麦工作组、植物保护工作组、甘蔗工作组 3 个工作组以及南亚东南亚陆稻协作网分组的形式进行，并在跨境农作物育种技术、农业技术标准互认等领域展开了深入的交流。其中，在 9 月 29 日南亚东南亚芒果产业研究与发展的会议上，由云南省农科院热带亚热带经济作物研究所牵头，10 个国家参与的芒果科研工作组决定成立“南亚东南亚芒果协作网”，在推广芒果种植的交流与合作上达成了共识，联合培养科技型国际专家服务团队，共同交流探讨芒果种植技术。通过学术交流，各国在农业发展上取得的技术成果共同推动了澜湄国家在农业科技上的创新和发展，为流域内农业的高质量做出了贡献。①

云南基于自身技术优势，积极向澜湄国家推广自身的农业技术，帮助澜湄国家构建起现代化的农业生产体系，同时为澜湄国家农业发展培养了一批专业技术人才，共同致力于农业绿色发展研究。通过农业技术领域的合作，澜湄国家的农

---

① 深化国际农业科技交流与合作　第五届南亚东南亚农业科技创新研讨会在昆召开[EB/OL]. 云南网，2021-09-29. https://yn.yunnan.cn/system/2021/09/28/031690929.shtml%E3%80%82.

作物产量大幅提高,农产品的质量也得到了显著提升,

(二)有效预防病虫灾害

除了推广自身的农业种植技术之外,云南与澜湄国家还共同致力于流域内农作物病虫灾害的防治。通过绿色的方式有效防虫,不仅促进了区域内农作物的高产,还推动了国家间的生态安全合作进程。例如,2023 年 10 月 16～17 日,勐海县举办了“中国—南亚东南亚农业重大有害生物绿色防控技术交流研讨会”。研讨会涵盖了来自柬埔寨、老挝、缅甸、泰国、越南、孟加拉国、尼泊尔 7 个国家的政府官员和农业专家,以及国内植保领域的专家学者近 50 人参会。参会人员共同观摩了位于勐混镇的云南农业跨境病虫草害关键防控技术研究与应用示范区(玉米)、共建澜湄农业生物安全联合研究中心示范区、稻鱼鸭绿色防控示范区等,这些示范区均在预防病虫灾害上取得了显著成效。其中稻鱼鸭绿色防控示范区采用的是南京善思生态公司的纳米农药预混剂,该研究示范区是结合了当地的病虫害防治需求及现实情况而采用的纳米农药预混剂。这种纳米农药预混剂不仅有效防治病虫,而且对稻田里面的鱼、鸭没有伤害,做到了稻田内的绿色共生,这一先进的技术模式引发了与会学者浓厚的兴趣。在本次会议上,参会的国内外专家学者与西双版纳州、勐海县农业农村局相关负责人就推动农业国际贸易、深化农业开放合作、病虫草害跨境防控等内容,以及生态生物绿色防控技术等科研进展进行了深入交流。有助于持续增强区域内重要农业有害生物的监测能力、预警能力、应急防控能力,也为更好地落实共建国家“一带一路”倡议提供勐海样板。①

云南在参与澜湄国家跨境生态安全合作的过程中,技术优势是推动流域国家合作的重要因素之一。流域内技术的推广与相互交流促进了澜湄国家农业的高质量发展以及病虫灾害的防治,进一步提升澜湄地区农业的整体抗风险能力。云南将继续发挥自身技术优势,加强与澜湄国家在农业领域的合作,推动澜湄国家命运共同体的建设。

① 中国—南亚东南亚农业重大有害生物绿色防控技术交流研讨会现场观摩活动在勐海县举行[EB/OL]. 勐海县植保植检与土壤肥料站,2023 - 10 - 17. https://www.ynmh.gov.cn/nkj/26150.news.detail.dhtml? news_id=460631%E3%80%82.

第二节　云南参与澜湄跨境生态安全合作面临的挑战

云南在参与澜湄国家的跨境生态安全合作的过程中，具有政策基础、地缘优势以及技术支持的同时，也面临着一定的挑战。在推动与澜湄国家跨境生态安全合作中会存在利益不一致、环境政策法规的差异以及资金与技术的短缺等方面的问题，在一定程度上影响并制约云南与澜湄国家在跨境生态安全领域的进一步交流与合作。

一、澜湄国家跨境生态安全合作中自然资源的利益分歧

澜湄国家存在不同的发展阶段和需求，在自然资源的开发与保护上，各自的侧重点存在差异。澜湄国家在地理位置上具有天然的优势，蕴含着丰富的自然资源，包括水资源、生物多样性资源等。澜湄国家处于流域内这一整体生态体系内，正因为流域内丰富的自然资源，利用过程中会产生一定的利益分歧。这一利益分歧成为云南与澜湄国家开展跨境生态安全合作的阻碍，影响区域内生态环境的稳定和可持续发展。

在澜湄国家进行跨境生态安全合作的过程中，跨境水资源的利用是值得关注的一大领域。澜湄流域水资源的跨国性决定了流域内各国在跨界水资源利用的实践中，出于维护自身国家利益或者追求自身利益最大化的目的，对跨界水资源利用与保护往往采取不同的理论和主张。针对澜湄流域水资源问题，虽然成立了湄公河委员会，但正式成员国仅有泰国、越南、老挝、柬埔寨等下游四国，中国和缅甸两个上游国家仅仅以观察员国的身份有限参与。成员国范围的局限直接决定了依托湄公河委员会合作平台以实现全流域水资源的有效开发与合作是一个重大难题。[①] 在整个流域的水资源开发与利用问题上，上下游国家在区位上的不同导致了上下游国家对于水资源的利用也会存在差异，出现了利益诉求不一致的问

① 寇勇栎．澜沧江—湄公河流域水资源合作的国际法视角[J]．河南工程学院学报（社会科学版），2019，34(3)：47－53.

题。中国、缅甸等上游国家集中在水电资源和航运功能上，老挝关注水利设施建设，泰国致力于水电开发和农业灌溉，柬埔寨注重流域内渔业资源和水电的开发，越南则集中关注农业的种植灌溉，这种差异性使得中国与澜湄国家在水资源开发利用上存在不少矛盾。①

因此，在澜湄国家跨境生态安全合作的进程中，国家间在利用自然资源方面的利益分歧现象是当前流域内所面临的一大挑战，其严重阻碍了云南与澜湄国家在跨境生态安全合作上的深入推进。

二、澜湄国家跨境生态安全合作中政策法规存在差异

澜湄六国在生态保护政策法律体系的差异是云南参与澜湄国家跨境生态安全合作中的另一大挑战。澜湄各国的法律法规存在一定的差异性，不同的法律框架导致在跨境生态环境合作中难以确立统一的标准，这种差异性对推动云南与澜湄国家的跨境生态安全合作造成了严重的影响。

澜湄各个国家之间虽然已经确立了若干宣言性和政策性的指导原则，但在具体的法律法规实施方面仍然存在一定的不足。例如，流域各国在国际水法领域尚未形成共识，缺乏统一的法律基础。在国家水法《国际非航行水道利用法公约》这一条例中，澜湄流域内仅有越南加入了该公约，这表明了在生态法律法规方面的不完整性，澜湄上下游国家在水资源治理问题上尚未达成共识。中国作为上游国家坚持其领土内水域的主权属性，认为建设大坝、水电站等行为属于本国内政，并强调其开发利用行为对下游无负面影响；而下游国家则指责上游国家的大坝建设影响了下游用水安全，泰国等下游国家又向中国购买水电资源。② 这种在水资源权利与义务上的争议，导致澜湄各国之间难以达成统一的法律机制，表明澜湄国家在水资源管理和合作方面，仍然面临法律层面上的重大的挑战。此外，云南在环境资源保护与生态文明建设地方立法方面已经取得了一定的成效，建立了包括区划制度、自然保护区制度、生态示范区制度、规划制度、目标责任制度、建设项目

① 张励，卢光盛."水外交"视角下的中国和下湄公河国家跨界水资源合作[J].东南亚研究，2015(1)：42－50.

② Mehtonen K. Do The Downstream Countries Oppose The Upstream Dams? [M]//Modern Myths of the Mekong. Helsink：Helsinki University of Technology，2008.

管理制度以及生态环境监测和破坏事故防范、预警制度等一系列制度框架。① 这在一定程度上维护了区域、国家乃至国际生态安全的战略需求。但是,澜湄流域内的生态环境法律法规需要各个国家共同制定并参与才能取得有效的成果。

总之,云南在参与澜湄国家跨境生态安全合作过程中,尚未形成有效的法律法规约束流域内国家的生态保护行为。法律层面的缺失严重影响了澜湄国家跨境生态安全合作的有效推进,使得各国在生态保护方面的责任分担、利益分配等问题缺乏明确的规范和准则。

三、澜湄国家跨境生态安全合作中资金技术的短缺

澜湄国家的经济发展水平较低,流域内部贫富差距显著,其中,老挝、柬埔寨、缅甸被联合国列为最不发达国家,面临着基础设施落后、工业化与现代化进程艰巨等共同挑战。② 澜湄国家总体发展水平不高的现象导致了云南在与澜湄国家进行跨境生态安全合作的过程中会出现资金和技术短缺等方面的问题。

云南在参与澜湄国家跨境生态安全合作中,资金与技术的不足主要体现在绿色能源领域,其对资金需求较大,开发的成本较高。虽然中国在绿色能源领域已积累了一定的技术经验,但是,澜湄其他国家仍然面临着核心技术缺乏的困境,在技术创新、装备制造、基础设施体系建设等方面存在着明显的短板,亟须通过国际合作引进先进技术。加之,澜湄国家在绿色能源领域的发展起步较晚,长期以来主要依赖煤炭等传统能源,这些能源储备丰富且市场价格具有竞争力。尽管当前太阳能光伏、风电的开发成本已有所下降,但仍然需要大量资金的投入来开拓新能源市场。③ 清洁能源项目投资规模大、周期长、融资难度较大。澜湄国家在清洁能源市场机制和协调机制方面尚不完善,区域电力市场尚未完全形成,影响了清洁能源项目的高效利用和融资能力。此外,部分澜湄国家在清洁能源技术研发

---

① 戚琳.对健全和完善云南省环境资源保护地方性法规体系的思考[J].法制与社会,2015(2):87-90.

② Office of the High Representative for the Least Developed Countries, Landlocked Developing Countries and Small Island Developing States, About Least Developed Countries. Enhancing Resilience: Innovative Solutions for Strengthening LDCs Resilience against Systemic Shocks [EB/OL]. http://unohrlls.org/about-ldcs/(last visited Apr. 14, 2019).

③ 刘婷.澜湄机制下次区域绿色能源安全供应体系协同共建路径研究[D].昆明:云南师范大学,2023.

方面仍存在不足，缺乏高端设备制造能力，依赖进口，限制了清洁能源项目的自主开发和运营能力。由于澜湄国家在资金、技术等方面存在的制约因素，在一定程度上加大了跨境生态安全合作的难度，导致了澜湄国家间的合作难度加大。

云南在推进与澜湄国家的跨境生态安全合作进程中，除了面临着来自国家间自然资源的利益分歧、政策法律法规存在差异以及资金技术短缺等多方面内部挑战外，还面临域外国家的干涉问题。

部分域外国家出于地缘政治、经济利益等目的，对澜湄地区的跨境生态安全合作进行无端干涉。这些国家往往打着所谓“环保”“人权”的幌子，实则是为了遏制地区内国家的发展、维护自身在该地区的影响力。在资金层面，一些域外国家利用自身的经济优势，在澜湄地区开展带有政治附加条件的资金援助和投资项目，其投入的资金并非为了流域内的生态安全合作，而是为了获取资源、控制市场，甚至干扰地区内正常的合作项目推进，一定程度上影响了澜湄国家合作的意愿。在技术方面，域外国家为了保持自身的技术领先地位，对澜湄国家进行技术封锁，限制先进环保技术和设备的出口，阻碍澜湄国家引进先进技术，导致澜湄国家在生态安全合作中难以获得关键的技术支持，在一定程度上制约了地区生态环境的改善和可持续发展。域外国家的干涉，对云南参与澜湄跨境生态安全合作带来了一定的挑战，严重阻碍了澜湄地区生态安全合作的顺利推进。

澜湄国家需要共同努力、积极应对、携手并进，强化沟通与协调机制，构建更加完善的合作框架与平台，有效应对合作过程中所存在的风险与挑战，保障地区生态环境的稳定和可持续发展，促进推动云南与澜湄国家跨境生态安全合作的稳步进行，构建更加紧密的澜湄国家命运共同体。

第三节　云南参与澜湄跨境生态安全合作的未来发展与趋势分析

云南在凭借其独特的地理位置，在与澜湄国家进行跨境生态安全合作的过程中取得了一定的实效。借助澜沧江—湄公河环境合作云南中心等多个平台，云南与澜湄国家携手推进了生态环境综合治理项目、环境管理能力建设以及环境技术转移援助等具有实效的合作举措，这不仅加深了澜湄六国家之间的信任与合作，还拓宽了环境合作的范畴，从而有力深化了澜湄流域内绿色可持续发展的进程。云南在立足南亚东南亚辐射中心定位中，必须积极融入并服务于国家生态安全体系，并且积极地推进与澜湄国家的生态安全合作，为维护区域内的生态安全做出贡献。

一、全球与区域生态安全形势变化对云南参与澜湄跨境生态安全合作的未来影响

面对全球气候变化加剧与生物多样性危机的双重挑战，澜湄区域的生态安全局势日益严峻。全球气候变化不仅引发了极端的天气事件且严重冲击着澜湄国家跨境生态系统的稳定性，这在一定程度上促使了《生物多样性公约》等国际条约的深入实施，推动澜湄各国对生态保护战略进行必要的调整与升级。[①] 为澜湄流域内深化跨境生态安全合作开辟了新路径，创造了新机遇。一方面，共同应对气候变化的紧迫需求促使跨境生态适应策略成为合作焦点，另一方面，新兴生态保护技术的广泛应用也为合作提供了无限可能。由此，跨境生态安全合作成为澜湄区域共同应对气候变化的重要途径。通过加强国际合作，共同推进生态环境保护与区域内的可持续发展，从而共同守护赖以生存的地球家园。

---

① 刘旭. 澜沧江—湄公河流域生物多样性保护国际合作的原因、基础与路径选择[J]. 广西大学学报(哲学社会科学版)，2021，43(6)：119－126.

（一）全球气候变化对生态安全形势变化的影响

全球气候变化正深刻影响着地球生态，对人类生存环境构成了严峻挑战，但深受传统发展模式和能源结构的影响，国际社会的应对步伐依旧显得迟缓。联合国环境规划署(UNEP)为此发出警告："我们正面临生存危机，亟须迅速调整行动优先级……沿袭旧路，只会导致灾难性后果。"①全球气候变化成为关乎人类存续的重大议题，随着气候变化影响的加剧以及全球携手应对的迫切需求，人类社会逐渐走向"同呼吸、共命运"的发展趋势，推动各国从"人类命运共同体"的高度来审视与应对气候变化所带来的各种问题与挑战。② 气候变化既是当前全球面临的紧迫现实危机，也是长期且艰巨的挑战，成为全人类共同面对的重大难题。

积极应对全球气候变化带来的影响不仅成为全球共识，也日益成为大国间竞争与合作的重要焦点。世界经济论坛在《2023 年全球风险报告》中，详细列出了全球面临的十大风险，其中多项风险与气候变化紧密相关，凸显了应对气候变化在全球环境治理中的首要地位。③ 2023 年 12 月，在阿联酋迪拜举行的《联合国气候变化框架公约》第二十八次缔约方大会(COP28)上，全球气候行动的进展评估成为万众瞩目的核心议题，预示着未来全球气候治理与推动绿色低碳发展的道路依然漫长且充满挑战。④ 在 2024 年 1 月召开的第 54 届达沃斯世界经济论坛年会上，能源与气候战略合作被设定为关键议题之一，旨在探讨气候、自然保护与能源领域的长期战略规划。为有效缓解气候变化的影响并增强适应能力，全球各国亟须深化合作，携手应对这一全球性挑战，致力于构建一个公平、合理且促进合作共赢的全球气候治理体系。⑤

全球气候变化对澜湄流域的生态安全产生了不可避免的影响。第一，气候变化引发了干旱、洪涝及热浪等极端天气事件的频发。一方面，极端天气频发给澜湄各国的生态环境带来了巨大的压力，导致流域内水资源短缺、生物多样性受损

---

① UNEP. Why Does Climate Change Matter? [EB/OL]. (2020-01-20)[2021-07-22]. https://www.unep.org/explore-topics/climate-change/whydoes-climate-change-matter.

② 和音. 中国始终同发展中国家同呼吸、共命运[N]. 人民日报，2023-08-29(3).

③ 益言. 世界经济论坛发布《2023 年全球风险报告》[J]. 中国货币市场，2023(3)：66-72.

④ 杨继国，张天力. COP28 峰会：国际社会共同应对全球气候变化[J]. 中国应急管理，2023(12)：36-39.

⑤ 于丰锴. 第 54 届世界经济论坛年会在瑞士达沃斯举行[J]. 炼油技术与工程，2024，54(3)：46.

等问题。另一方面，气候变化导致澜湄流域内洪旱灾害频发，影响农作物的生长和收成，进而威胁到粮食安全，对流域居民的生命财产安全构成严重威胁，严重影响了区域内的安全稳定与民众的基本生活。第二，面对日益严峻的气候风险和复杂的国际能源市场形势，全球能源安全正面临前所未有的重大挑战，进而对澜湄流域的能源市场产生严重影响。如在水电开发方面，传统能源的供应稳定性受到气候变化影响导致水电产量下降，而全球能源市场的波动也使得澜湄国家能源获取成本增加，这种能源安全的挑战不仅影响着各国的经济发展，也给跨境生态安全合作带来了新的压力。云南与澜湄国家积极通过电网互联互通，实现了电力的跨境合作，有效缓解了周边国家的电力缺额问题，促进区域经济的共同发展。云南还依托丰富的水能、风能、太阳能等清洁能源，积极与澜湄国家合作，推进清洁能源的开发与利用，共同推动清洁能源项目的建设，提高了清洁能源在区域能源结构中的比重。云南与澜湄国家在全球能源安全方面进行了深入的合作与交流，不仅促进了区域经济的共同发展，还为全球能源安全贡献了中国智慧和力量，深化了云南与澜湄国家之间跨境生态安全合作的深度。

全球气候变化不仅导致了澜湄流域水资源短缺和生物多样性急剧减少等一系列严峻的生态问题，还引发了流域能源安全市场的进一步发展，凸显了澜湄国家加强跨境生态安全合作的必要性和紧迫性。在此背景下，澜湄国家积极响应国际环保合作的要求，不断加强流域内国家之间在跨境生态安全领域的交流与合作，共同应对气候变化带来的生态挑战，共同为澜湄区域内乃至全球的生态环境保护和可持续发展贡献力量。

（二）区域环境问题对跨境生态安全合作的影响

随着全球化的不断推进，澜湄流域的跨国环境问题愈发显著，对流域内的生态安全构成严重威胁。澜湄流域的各个国家虽然在地理位置上紧密相连，但在环境管理和政策执行上具有差异性，云南参与澜湄国家跨境生态安全合作过程中，面临着诸多的区域环境问题。这些区域环境问题成为澜湄流域内各个国家共同面临的重大挑战，澜湄国家通过加强跨境生态安全合作，有效应对区域环境问题，共同维护流域内的生态安全和可持续发展。①

---

① 陈丽晖，曾尊固，何大明．国际河流流域开发中的利益冲突及其关系协调：以澜沧江—湄公河为例[J]．世界地理研究，2003，12(1)：71－78．

在资源利用与生态保护方面，随着澜湄区域经济的迅猛增长，各国在资源开发利用与生态环境保护之间会存在一定的不平衡性。在澜湄流域内，其生态系统对气候变化极为敏感，易受极端天气事件的影响，气候变化的持续恶化对次区域人民福祉、生物多样性及自然资源造成的巨大影响进一步加剧。例如，在澜湄流域的下游国家，水资源的短缺直接影响当地农业的生产效率，导致农作物减产，进而引发粮食供应紧张、失业率攀升和社会贫困加剧等一系列连锁反应。加强云南参与澜湄国家的跨境生态安全合作，共同提升气候适应能力，保护生态环境，成为缓解这些矛盾与挑战、保障区域可持续发展的关键所在。

在跨境水资源的开发与利用方面，澜湄国家因其所处的不同地理区位而拥有各具特色的生态环境，跨国的水资源开发与利用问题也成为澜湄流域的一大挑战。云南具有丰富的水能资源，但水能资源的开发要与跨境水资源管理和生态保护相协调。缅甸高度重视利用湄公河水道打击贩毒活动，这成为其跨境生态安全合作中的独特关注点。老挝合作重点更多聚焦于水资源可持续利用上。泰国对于流域水资源的开发主要以确保城市和农业用水安全为主。柬埔寨则侧重于渔业资源的开发与利用。越南的农业是国民经济的基础，尤为关注水文变化、洪涝灾害及海水倒灌等。① 澜湄国家由于自身区位及经济发展水平的不同，在水资源的开发与利用上存在很大的差异，澜湄各国水资源利用方式的多样对区域环境保护和生态安全合作提出了更高要求。云南与澜湄国家在进行水资源的利用的同时，加强在水资源监测、预警等方面的合作，共同保障澜湄流域的水资源安全，从而推动澜湄国家的跨境生态安全合作。

在生物多样性保护方面，澜湄流域内的生物多样性正遭受气候变化、非法野生动物贸易、水坝建设、森林砍伐与退化等多重因素的严重冲击，呈现急剧下降的趋势。在澜湄流域的下游三角洲地区，生物多样性的保护还面临着人口增长与农业集约化带来的额外压力，化肥和杀虫剂使用量的增加以及高流量季节洪水水位变化等威胁进一步加剧了澜湄流域内的生物多样保护难度。② 该地区农业活动规模与强度的不断扩大，道路、桥梁、水坝等基础设施建设的加速，成为森林面积减少的主要原因。森林栖息地和生物多样性的丧失，不仅削弱了澜湄地区应对气

① 吴波汛. 湄公河地区的环境合作与中国的角色[D]. 昆明：云南大学，2020.

② 刘旭. 澜沧江—湄公河流域生物多样性保护国际合作的原因、基础与路径选择[J]. 广西大学学报(哲学社会科学版)，2021，43(6)：119－126.

候变化影响的能力，还使该次区域面临粮食安全、用水安全及居住地安全等多重风险。因此，加强跨境生态安全合作，共同应对生物多样性丧失的危机，对于维护澜湄流域的生态安全、促进可持续发展具有至关重要的意义。

积极应对流域内生态环境问题是推动云南参与澜湄国家跨境生态安全合作的一项重要工作。在合作中，需要建立更加高效的沟通机制及时交流区域环境问题的相关信息，共享生态环境数据；制定统一的环境标准和规范，协调各国在资源开发、环境保护等方面的行动，减少因标准差异带来的合作障碍。澜湄国家作为一个区域整体，共同应对区域所面临的环境问题，推动实现云南参与澜湄跨境生态安全合作的目标，促进澜湄地区的生态环境改善和可持续发展。

（三）国际环保合作的增强对跨境生态安全合作的影响

云南在加强与澜湄国家的跨境生态安全合作的同时，还积极地响应国际环保合作组织所倡导的环保公约与协议，为澜湄流域的跨境生态安全合作提供一定的参照标准。通过借鉴国际上先进的生态环保理念和技术，进一步提升与澜湄国家合作的水平和质量，推动云南参与澜湄国家的跨境生态安全合作，为澜湄流域的生态保护和可持续发展做出更大的贡献，从而维护跨境流域内的生态安全。

制定国际环保公约与协议。面对全球生态安全日益严峻的挑战，国际社会制定了一系列重要的国际环保公约与协议，加强了环境保护领域的合作。面对共同挑战，联合国政府间气候变化专门委员会（IPCC）的第六次评估报告明确指出，人类活动排放的温室气体已导致全球气温上升约 1.1℃，且持续排放将推动气温在未来进一步升高，预计将会在 2021 至 2040 年间，全球变暖的最佳估计值将达到 1.5℃。[①] 全球气候变暖趋势进一步加剧气候灾害的频发，对人类社会、自然系统及生物多样性构成严重的威胁，凸显了全球共同应对气候变化的严峻性和紧迫性。在此背景下，2024 年 11 月 16 日，《联合国气候变化框架公约》（UNFCCC）第 29 次缔约方大会（COP29）的官方边会“净零碳转型：发展中国家的机遇和挑战”在阿塞拜疆巴库成功举办。[②] 与会者围绕会议主题进行了深入交流，共同探讨发展中国家在净零碳转型过程中面临的机遇与挑战，旨在为推动全球气候治理贡献

---

① 水煮花生. 联合国政府间气候变化专门委员会第六次综合评估报告发布[J]. 科学，2023，75(3)：10.

② 林立身，马晓青，代福博，等. COP29：国际碳市场启动的焦点问题和进展展望[J]. 中国电力企业管理，2024(34)：84－87.

智慧与力量。这些国际上的组织呼吁各国要积极地应对全球气候变化所带来的挑战，倡导要加强在跨境生态安全方面的合作，共同解决国际上共同面临的各类焦点问题。

开展区域环境合作活动。云南与澜湄流域国家在地理位置上紧密相连，流域各国均承受着经济发展、人口增长与贫困、自然灾害以及全球生态治理体系结构性矛盾等多重压力，引发了一系列包括陆地、海洋和空气污染在内的广泛环境问题。例如，“褐云”雾霾现象，主要由野外和森林大火中动植物及化石燃料的不完全燃烧，以及工业排放和交通尾气等因素所造成的，这在一定程度上严重影响到了澜湄流域内的气候，甚至改变了季风模式，导致中国西南地区降雨量减少。① 自20世纪末以来，澜湄流域国家积极响应，先后加入了《联合国气候变化框架公约》《生物多样性公约》《蒙特利尔议定书》及《京都议定书》等国际环境条约，并且还根据这些条约的规定不断地推进国内环境政策的制定与创新。② 此外，澜湄六国在区域环境治理方面展现出更加积极的态度，同时也开展了一系列富有成效的区域合作活动。在全球层面，澜湄六国还一致通过了《联合国2030年可持续发展议程》以及应对气候变化的《巴黎协定》。这些国际条约的制定与实施在一定程度上促进了云南与澜湄国家之间的进一步交流与合作。

实施生物多样性保护项目。澜湄六国积极实施生物多样性保护项目，以实际行动支持《生物多样性公约》及《爱知生物多样性目标》的实现。通过这些努力，澜湄六国不仅加强了跨境生态安全合作的进程，也为推动全球生态安全治理贡献了智慧。③ 在澜湄合作机制成立之前，生态环境保护就已成为中国与澜湄国家合作的重点优先领域，为区域的绿色发展奠定了坚实基础。2016年澜湄合作机制启动后，澜湄国家间的环保合作迎来了新的历史机遇并取得了一定的成效。该机制强调区域内国家应聚焦于具体环保项目，通过合作切实解决环境问题，各种国际与区域性的环保合作项目在一定程度上拓展了合作的深度。同时，澜湄国家还依托澜湄环境合作中心，致力于完善澜湄环境合作的顶层设计，积极推动《澜沧江—湄公河环境合作战略》的编纂工作，并加强澜湄流域之间在环境政策上的沟通与

① 黄河. 区域公共产品与区域合作：解决GMS国家环境问题的新视角[J]. 国际观察，2010(2)：73-78.

② 张超. 澜湄合作机制下跨界水资源治理法律研究[D]. 北京：对外经济贸易大学，2021.

③ 澜沧江—湄公河环境合作战略(2018—2020)[EB/OL]. 澜沧江—湄公河环境合作中心，2019-03-27. https://www.lmec.org.cn/lmzx/zlyjz/lmhjhzzl/201711/t20171106_111204.html%E3%80%82.

对话。同时，澜湄各国之间还围绕优先合作领域，提出了务实推动“绿色澜湄计划”等建设性意见。澜湄国家的代表们纷纷表达了对澜湄环境合作中心未来发展的期待，认为其将为区域合作提供更为全面、有力的战略支撑。此外，还应该依托澜沧江—湄公河环境合作战略，共同推进绿色澜湄计划的实施，携手努力落实联合国2030年可持续发展议程，以期促进本地区的可持续与永续发展。

利用多边平台开展合作。在区域一体化进程中，澜湄国家利用多边平台以开展务实项目合作。中国政府通过亚太森林组织，在亚太区域实施了54个林业试点示范项目，其中澜湄区域项目占比过半，达到27个（含11个跨经济体合作项目），在数量和资金上均占据显著优势。[①] 云南与澜湄国家积极的展开各类环保合作，推进了缅甸杀虫剂类化学品与可持续水质管理能力建设项目，参与了“澜湄合作框架下基于可持续生计的生态系统综合管理项目”，并继续实施中老生态环境合作项目，同时在中国云南—老挝北部合作工作组中发挥积极作用。[②] 此外，联合国通过全球环境基金等项目，在柬埔寨推广生态农业以增强农村社区的气候适应能力；在缅甸实施气候变化联盟项目，强化应对气候变化的体制与政策环境；在越南推动节能照明技术的商业化转型，加速淘汰白炽灯，推广高质量节能灯。[③] 跨国环境组织的出现在一定程度上促进了云南与澜湄国家跨境生态安全合作的进一步深入开展，这些国际合作组织与平台为澜湄流域乃至全球的跨境生态安全合作提供了宝贵经验与启示。

面对全球及区域生态安全形势的不断演变，澜湄国家跨境生态安全合作面临着前所未有的挑战与机遇。为了应对这些挑战和机遇，澜湄国家应加强政策沟通与协调、推动项目合作与实施、加强科技支撑与创新能力以及强化公众参与与意识提升等方面的合作与交流。澜湄国家在跨境生态安全合作上的深入开展，不仅是对当前挑战与机遇的积极回应，更是对区域乃至全球生态安全未来发展的重要贡献。

---

① 黄山，胡楚钰. 加强澜湄区域森林可持续经营研讨会召开[N]. 中国绿色时报，2024-03-25(2).

② 韩成圆，刘子语. 云南携手湄公河国家打造绿色发展样板[N]. 云南日报，2023-05-15(6).

③ Helping Countries Tackle Climate Change in Asia Pacific[EB/OL]. 2019-12-28. https://www.unenvironment.org/regions/asia-and-pacific/regional-initiatives/helping-countries-tackle-climate-change.

二、生物多样性公约进展对云南参与澜湄跨境生态安全合作的影响

深入分析全球与区域生态安全形势对云南参与澜湄国家的跨境生态安全合作的影响，能有效促进对澜湄流域内生态环境的保护。生物多样性公约的进展在一定程度上也推动了流域内的跨境生态安全合作，该公约以生物多样性的保护为核心，建成了相对完整的生物多样性保护体系，促进生物多样性保护进入法制轨道。澜湄流域拥有着丰富的生物多样性资源，这一山水相连的生态环境促使云南与澜湄国家之间形成了更加紧密的合作关系。

（一）区域内生物多样性保护进入法制化轨道的未来影响

在生物多样性公约的推动下，澜湄六国在生物多样性保护领域的合作进一步加深，其不仅促进了区域可持续发展，也为跨境生态安全合作提供了宝贵的实践范例。在跨境生态安全合作框架下，澜湄国家致力于生物多样性保护，但因各国法治体系存在差异且合作范围受限，影响了流域生物多样性保护的整体进度。中国虽拥有超过 20 部相关政策法规，如《野生动物保护法》《种子法》《生物安全法》等，却缺乏一部专门的《生物多样性保护法》，导致法律间关联性弱，体系性不强。[①] 泰国《野生动物保护法》自 1992 年颁布以来，仅进行了少量修订，法律体系的缺乏一定的时代性。柬埔寨 2002 年《森林法》虽设专章保护野生动物，却未涵盖鱼类及水生生物。越南长期面临野生动物非法交易问题，直至 2020 年 7 月才实施野生动物进口禁令，反应滞后。缅甸虽有《野生动植物和自然区域保护法》，但保护能力受限。跨境生物多样性保护的复杂性导致国际法和国际公约在具体问题上约束力有限，六国需要制定整体性法律法规增强合作效力。因此，构建跨境生物多样性保护的统一法律框架，强化法律间的协调性与执行力，成为六国共同面临的紧迫任务。

自 1993 年《生物多样性公约》正式生效以来，该公约明确了保护生物多样性、促进其成分的可持续利用及公平合理分享遗传资源利用惠益的三大核心目标，标志着全球生物多样性保护工作迈入了一个新阶段。中国作为首批签署并批准《生

---

① 秦天宝. 全球生物多样性治理与中国的角色转变[J]. 当代世界，2021(11)：16－21.

物多样性公约》的缔约国,长期以来高度重视生物多样性保护工作,取得了显著成就,探索出了一条符合中国国情的生物多样性保护路径。2021 年,联合国《生物多样性公约》第十五次缔约方大会(COP15)第一阶段会议在中国云南昆明成功举办,会议通过的《昆明宣言》标志着各缔约国一致同意加强全球环境法律框架,推动生物多样性保护成为主流议程。生物多样性保护已成为全球共识,中国作为公约的重要缔约国及生物多样性保护大国,提出了"构建人类命运共同体"的国际法理念,强调国家间的相互关联与依存,以及全球命运的共同性和紧密性。① 2022 年 12 月,COP15 第二阶段会议圆满结束,中国作为 COP15 主席国,在会议期间负责处理实质性和政治性事务,积极倡导全球共建地球生命共同体。会议达成的历史性成果——"昆明—蒙特利尔全球生物多样性框架",为全球生物多样性治理绘制了新愿景,彰显了中国在全球环境治理中的引领作用。②

为有效落实生物多样性公约,推进生物多样性保护,国家林业和草原局(前身为国家林业局)依托其昆明勘察设计院,在云南相继设立了"国家林业和草原局自然保护区及野生动植物西南监测中心""国家林业和草原局国家公园规划研究中心"以及"国家林业和草原局亚洲象研究中心"。云南则借助相关科研院所及高校的力量,建立了包括"中国西南野生生物种质资源库""云南生物多样性研究院""西南生物多样性实验室""国家高原湿地研究中心"以及"中国昆明高原湖泊国际研究中心"在内的一系列生物多样性保护研究与技术平台,为全省的生物多样性保护工作提供了坚实的科技支撑。③ 云南丰富的生物多样性资源吸引了众多国际专家及保护组织的关注。全球环境基金会、世界自然保护基金会、麦克阿瑟基金会、德国科学技术公司、国际鹤类基金会以及美国大自然保护协会等国际组织,均与云南省展开了深入合作,共同推进自然保护地的建设与生物多样性保护研究工作,并取得了显著成效,极大地推动了云南生物多样性保护工作的进展。④

云南参与澜湄国家跨境生态安全合作过程中始终秉持生态优先、绿色发展的

---

① 郝亚鑫.《生物多样性公约》第十五次缔约方大会第一阶段会议在昆明召开[J].云岭先锋,2021(11):2.

② 王学英.保护生物多样性　共建美丽家园:再现《生物多样性公约》第十五次缔约方大会(COP15)第二阶段会议系列进程[J].环境与生活,2023(S1):18-29.

③ 陈鲁雁.云南生物多样性保护:实践与挑战[J].云南行政学院学报,2016,18(3):146-150.

④ 张治军,李华,刘绍娟,等.刍议西南生态安全屏障战略下云南生物多样性保护对策[J].林业建设,2020(4):34-38.

核心理念。在此基础上，云南省坚决执行“共抓大保护、不搞大开发”的战略方针，①逐步构建起一套完善的生物多样性保护法规与政策体系。云南颁布了一系列地方性法规和单行条例，《云南省生物多样性保护条例》《云南省大气污染防治条例》《云南省创建生态文明建设排头兵促进条例》等，②这些法规条例全面覆盖了空气、水、土壤、森林、湿地、湖泊以及生物多样性保护等多个领域，涉及自然资源保护、环境污染防治以及绿色产业发展等多个方面。③ 云南在生物多样性保护方面建立的法律法规为推动云南参与澜湄国家跨境生物多样保护提供了良好的基础，维护澜湄流域内的生物多样性和生态平衡起到了至关重要的作用。

（二）建成生物多样性保护体系的未来影响

随着云南参与澜湄国家跨境生物多样性保护法制化轨道的不断推进，澜湄国家在生物多样性保护上形成了一个完整的体系，该体系在多方面对云南与澜湄国家的跨境生态安全合作产生深远影响。

在构建生物多样性保护体系的过程中，建立自然保护区是其中较为突出的方法。云南在全省范围内建立了多个自然保护区，为促进与澜湄国家之间的生物多样性合作提供了坚实的保障。截至 2022 年，云南已建立起涵盖自然保护区、风景名胜区、森林公园、湿地公园、地质公园、石漠公园、矿山公园、水产种质资源保护区、水生野生动物保护区、水利风景区以及国家公园等 11 类共计 370 余处自然保护地，总面积达到 5.5 万 km^2，约占全省面积的 14%。④ 此外，云南还拥有 66 个风景名胜区、47 个森林公园、18 个国家湿地公园、13 个地质公园、5 个石漠公园、1 个国家级矿山公园、21 个水产种质资源保护区、5 个县级水生野生动物保护区以及 23 个国家级水利风景区。省政府已批准建立了包括香格里拉普达措、丽江

---

① 习近平生态文明思想研究中心调研组. 深入学习贯彻习近平生态文明思想 奋力打造“共抓大保护、不搞大开发”的重庆样板[J]. 环境与可持续发展，2024，49(6)：58－64.

② 云南省创建生态文明建设排头兵促进条例[N]. 云南日报，2020－05－21(5).

③ 赵飞. 云南省生物多样性法治保护的实践与探索：以联合国《生物多样性公约》缔约方大会第十五次会议为视角[J]. 中国司法，2021(12)：103－107.

④ 吴亮，王瑛，董草，等. 云南省自然保护地现状特征及其体系重构规划策略[J]. 安徽农业科学，2024，52(8)：100－105，112.

老君山在内的13处国家公园。[①] 对生态系统内部及其自然保护地生态质量来讲，面积的大小能够体现出自然保护地大小是否满足维持主要保护对象生态安全所需的最小或最适面积，或主要种群因数量增长所需的潜在活动空间。在全省上下范围内，怒江州、迪庆州、西双版纳州的自然保护地的面积占比较大，且占各州域土地面积的比重大，分别为45.10%、43.29%、28.69%。[②] 这三个州较大的自然保护区占地面积对全省的自然保护地建设工作作出了巨大的贡献。

云南香格里拉普达措国家公园作为党中央确定的10个国家公园体制试点之一，目前正稳步推进，旨在为云南构建以国家公园为主体的自然保护地体系探索可行的方法和路径。[③] 这一系列举措标志着云南省生物多样性就地保护体系的初步形成，全省90%以上的典型生态系统和85%以上的珍稀濒危野生动植物得到了有效保护，[④]为跨境生态安全合作奠定了坚实的基础。云南普洱五湖国家湿地公园位于云南省普洱市思茅区境内，地理坐标22°42′～22°51′N，100°56′～101°00′E，由思茅河连接洗马湖、梅子湖、野鸭湖、信房湖和纳贺湖组成。[⑤] 按照《云南普洱五湖国家湿地公园总体规划》和国家林业局关于湿地公园试点建设的要求，遵循"保护优先、科学修复、适度开发、合理利用"的原则，开展了卓有成效的湿地建设工作。目前，云南普洱五湖国家湿地公园已成为云南省国家湿地公园试点建设的样板和典范。[⑥]

在生物多样性公约的加速推进下，深入分析推进生物多样性进入法制化轨道、加强生物多样性的国际交流与合作以及建立生物多样性体系对未来澜湄跨境生态安全合作的影响，能促进澜湄国家生态环境的保护与协调发展。

---

① 华朝朗，陶晶.云南省以国家公园为主体的自然保护地体系研究[M].昆明：云南科技出版社，2019:44-54.

② 吴亮，王瑛，董草，等.云南省自然保护地现状特征及其体系重构规划策略[J].安徽农业科学，2024,52(8):100-105,112.

③ 王方辰.香格里拉普达措国家公园[J].人与生物圈，2017(4):1.

④ 张治军，李华，刘绍娟，等.刍议西南生态安全屏障战略下云南生物多样性保护对策[J].林业建设，2020(4):34-38.

⑤ 章煜.云南普洱五湖国家湿地公园现状及保护对策探讨[J].内蒙古林业调查设计，2014,37(3):120-123.

⑥ 赵荟，谢凌雁，王小菲，等.国家湿地公园试点建设及验收：以云南普洱五湖国家湿地公园为例[J].湿地科学与管理，2018,14(2):8-11.

三、科技发展在云南参与澜湄跨境生态安全合作的作用与前景

生物多样性公约的实施在一定程度上促进了云南参与澜湄国家跨境生态安全合作的深入推进。在跨境生态安全合作的进程中,科技发展的影响力与未来前景也显得尤为重要,其核心价值体现在新兴科技如卫星遥感、大数据分析以及生物技术等领域的广泛应用与潜力挖掘上。科技的发展增强了跨境生态环境的监测精确度,提高了生态状况评估的科学性与准确性,推动了有关气候等预警机制的构建,在此基础上催生了生态治理的相关策略。随着科技的飞速提升,将极大加速合作效率的提升,同时激发跨境生态安全合作模式的创新活力。在此背景下,云南地区凭借其在科技领域的独特优势,在深化与澜湄区域生态安全合作的道路上扮演着更加积极主动的角色,为推动澜湄国家之间的跨境生态安全保护工作提供了不可或缺的贡献。

(一)推动技术创新,提升监测与预警能力

科技的发展,尤其是遥感技术、大数据分析及人工智能等先进手段的应用,对于提升澜湄区域跨境生态环境的监测与预警能力具有显著效果。这些技术赋能各国实时追踪生态环境状况,及时洞察潜在风险,为跨境生态安全合作奠定了坚实的科学技术基础。信息通信技术的飞跃促进了澜湄国家间生态环境数据与信息的高效共享,强化了协同治理跨境环境问题的能力,有效提升了治理效率。[①] 在此基础上,生态环保技术的革新与应用,诸如生态修复、清洁能源及污染控制技术等,为解决澜湄区域跨境生态环境挑战、推动绿色与可持续发展提供了有力工具。

随着澜湄流域内温室气体排放的不断增长,当前环境污染也呈现出严峻形势,不断推进环保技术的普及与应用显得尤为迫切,是实现从粗放型经济向绿色可持续经济转型的关键所在,这就要求我们必须进行一场深刻的技术革新。[②] 在

---

① 夏函,张万顺,马蒙越,等.服务于"生态优先 绿色发展"的生态承载能力监控预警机制研究[J].环境保护,2019,47(18):39-47.

② 范亚新.冷战后中国环境外交发展研究[M].北京:中国政法大学出版社,2015.

推动技术革新的过程中，提高云南与澜湄国家在跨境生态安全合作领域的预警和检测能力，离不开物联网和大数据技术的深度应用。

物联网与大数据技术的深度应用提升澜湄国家在跨境生态保护中的生态监测的效能。物联网是通过智能感知、数据传输与处理等技术，以促进物与物、物与人之间的广泛联系，而大数据则依托其海量、多样、高速、复杂的数据处理能力，为生态环境监测提供了高精度、高效率的数据支持，以增强决策制定的科学性和时效性。澜湄流域的河流及其支流环境监测站覆盖并不全面，尽管部分监测站已建立，但其功能大多局限于水位、流速的测量及淤积程度的监测，位于主要河流入海口的监测站则专注于海水倒灌的监控，而系统性的水质监测体系尚未成型。例如，云南省内的国际河流上仅设有 77 个水文站，且监测范围受限。① 同样，森林环保工作也因环境监测的缺失而受阻，非法采伐活动在澜湄国家仍然发生，流域内各国亟须携手构建覆盖全流域的环境监测与预警体系。为此，中国与澜湄国家积极搭建水文信息共享平台，加大对澜湄流域内水环境的监测力度，采用先进统一的国际技术标准，开放信息交流，加强对流域内优先控制污染物的监测。在澜湄流域全范围内建立完善的水质监测网络，设立国际水质监测站，运用先进装备与科学技术加强对澜湄水质的实时监控，监测范围涵盖地表水物理化学指标、悬浮物质、沉积物及生物种群等。通过这样的方式，进一步加强对出境河流沿岸企业生产经营行为的规范，提升其环境保护意识与国家责任感，从而促进与澜湄国家间的交流与合作。科技发展的融合应用，特别是物联网、大数据的应用正深刻地改变着跨境生态安全合作的监测与管理形式，为构建更加绿色、健康的地球生态环境贡献出自身的力量。

科技的应用提升流域内监测和预警能力的同时促进了流澜湄国家的绿色与可持续发展。通过广泛应用清洁能源技术和生态修复技术等先进手段，澜湄国家旨在经济发展与生态环境保护中实现双赢的目标，从而加速区域的绿色转型与可持续发展步伐。以西双版纳州为例，该地区早期采取“先发展后治理”的模式，大面积种植橡胶、普洱茶等经济作物，促进经济发展的过程中导致了森林覆盖率下降、生物多样性减少、水土流失加剧等生态问题。在州政府的积极推动下，这些生态问题逐步得到缓解。自 2014 年起，一批生态友好型茶园、环境友好型橡胶园相

---

① 欧阳春媚. 浅谈中国—东盟合作云南省国际河流涉外工作管理[M]//中国水利学会青年科技工作委员会. 中国水利学会首届青年科技论坛论文集. 北京：中国水利水电出版社，2004：528.

继涌现,同时实施退林还耕还草、加大生态环境补偿等措施。[①] 发展环境友好型胶园和生态茶园,不仅有助于生态文明建设、提升橡胶战略储备能力,还能促进当地的绿色与可持续发展。[②] 科技的应用推动了流域内国家之间的进一步合作与对话,也促进了区域内生态环境的保护与可持续发展,促进了云南参与澜湄国家跨境生态安全合作的进程。

(二)创新合作模式,提升合作效率

随着科技的飞速发展,澜湄国家在跨境生态安全合作领域的深度与广度不断地得到拓展。面对生物多样性保护、水资源管理、气候变化应对等核心议题,澜湄国家将依托更为先进的技术手段,创新合作模式,深化彼此间的合作以共同应对跨境生态环境带来的挑战,携手守护区域生态安全。云南与澜湄国家在跨境环境治理方面存在紧密联系,在未来合作进程中,进一步深化与澜湄国家在生态环境保护与治理方面的合作,创新合作模式从而促进流域内跨境的生态环境安全保护显得尤为重要。

云南与澜湄国家充分利用澜湄合作机制、大湄公河次区域经济合作机制及湄公河委员会等区域内现有的合作组织与平台,以提升跨境生态安全合作的效率。不断创新云南与澜湄国家的合作模式,积极推动在这些框架内开展涵盖跨境河流保护、自然生态维护、生物多样性保护以及环境治理等多方面的深入对话与交流,旨在构建一个常态化的、多层次且高效的合作平台。[③] 为了实现合作的进一步发展,各国加速推进跨境生态保护项目的落地实施,强化信息沟通与联合执法行动,建立更为协同、高效的生态保护协调机制,共同应对跨境生态安全挑战。为了推动澜湄国家跨境生态安全合作机制的高效运作,各国秘书处或协调机构应充分发挥其桥梁纽带作用,不断完善环境治理的监管体系,增强合作机制的透明度和公信力。[④] 通过合作平台的搭建促进澜湄国家在环境机制方面的沟通协调,确保信

---

① 黄晴,尹仑.云南省西双版纳州生物多样性保护成效与展望[J].西部林业科学,2024,53(4):7－12,19.

② 周晶.云南省国家级生态文明建设示范区发展能力评价研究[D].昆明:云南大学,2022.

③ 卢光盛,吴波汛.人类命运共同体视角下的“清洁美丽世界”构建:兼论“澜湄环境共同体”建设[J].国际展望,2019,11(2):64－83,151－152.

④ 本刊编辑部.加强生态环境监管 助力自然保护地体系建设[J].环境保护,2020,48(18):4.

息的准确性和时效性。

科技发展已经成为澜湄国家跨境生态安全合作不可或缺的重要驱动力，并为澜湄流域内未来的发展提供了极为广阔的发展前景。澜湄各国应当充分利用科技发展的最新成果，如环境监测技术、数据分析平台、远程协作工具等，来深化跨境生态安全合作机制，增强共同应对区域生态环境挑战的能力。科学技术的发展创新了澜湄国家在跨境生态安全合作领域的合作模式，使其在应对流域复杂生态问题时更加灵活高效。未来，澜湄国家将持续加大对科技的研发与投入，通过科技的创新应用，不断优化云南参与澜湄跨境生态安全合作模式，提升合作效率，共同保护区域的生态环境。

（三）加强人才培养与交流，增强公众参与意识

科学技术的发展不仅推动了澜湄流域内环保教育和宣传方式的创新，为澜湄国家跨境生态安全合作培养更多知识技能型人才，为深化区域合作提供了稳定的人力资源保障，从而进一步增强了公众的参与意识与环保责任感。

在澜湄环保合作框架下，云南与澜湄国家之间还积极地搭建平台并提供政策指导，以促进环保社会组织开展国际交流与合作，加强与澜湄国家相关机构合作伙伴关系的建立。通过联合举办多种形式的民间交流活动，云南积极地鼓励环保社会组织深入关注澜湄次区域的环境开发议题。环保社会组织加强澜湄国家之间在环境信息收集、志愿者培训、公众教育及理论研讨等多个维度广泛开展活动。[①] 通过该组织加强对澜湄国家内的环境状况进行实地考察和数据收集，建立信息共享平台，整合来自不同渠道的环境数据和信息，为政策制定和科学研究提供支持，定期发布环境状况报告，提高公众对澜湄次区域环境问题的认识和关注度；同时，也能够鼓励更多人参与到澜湄环保合作中来，提高公众的环保意识和参与度，激发公众的环保热情。除此之外，中国环保社会组织积极地与国际环保组织还建立合作关系，通过交流、研讨等方式学习借鉴国际化发展战略的制定、项目管理、资金筹集、人才培养等多方面的经验，推动了澜湄流域内国家人才队伍的建设与壮大，从而提升其在跨境生态安全领域人才的国际化水平和专业能力。在借鉴国际环保组织经验的基础上，中国环保社会组织结合自身的实际情况和发展需

① 范亚新.冷战后中国环境外交发展研究[M].北京：中国政法大学出版社，2015：79.

求，制定包括明确国际化发展的目标和方向、加强与国际环保组织的合作与交流、推动跨境生态安全合作等在内的适合自身的国际化发展战略。通过实施这些战略，中国环保社会组织在澜湄地区的国际影响力不断提升。[①] 总之，环保社会组织十分重视人才培养与交流在跨境生态安全合作中的重要性，提升云南与澜湄国家环保人才的专业素养和实践能力，积极推动云南与国际环保组织的人才交流与合作，为澜湄地区培养了一批具有国际视野和专业技能的环保人才。

充分地运用科技创新提升公众对跨境生态环境问题的认知水平和参与度，推动全社会共同关注并积极参与澜湄区域跨境生态安全合作。中国与澜湄国家携手推进了多个环境合作项目并取得了一定的成效，其中最为突出的是大湄公河次区域经济合作机制（GMS），该合作机制包涵了对最不发达国家的绿色金融支持，旨在加速地区能源结构的绿色转型，通过跨国间的交流与合作、专业培训等方式，实现环境治理能力的增强和环境保护技术的广泛共享，共同为跨境生态安全合作贡献力量。[②]

通过各种形式的人才培养交流与合作，澜湄国家可以共同开展人才培养计划。进而携手应对生态环境挑战，为区域可持续发展作出积极贡献。云南的高校与澜湄国家的相关院校建立长期的学生交换机制，让学生在不同国家的生态环境实践中，学习多元的环保理念和技术，拓宽国际视野，为未来投身跨境生态安全合作奠定坚实基础。例如，云南师范大学很早就开始了对太阳能及新能源基础理论和应用技术的研究，并于 2013 年创建了中国—老挝可再生能源开发与利用联合实验室，为太阳能技术的规模化应用提供了关键支持。从成立至今，该实验室为中老两国培养了许多可再生能源开发与利用领域的人才。[③] 通过这种方式，不仅能汇聚各方智慧，提升科研成果的质量与实用性，还能增进各国科研人员之间的交流与合作，培养一批精通跨境生态安全研究的专业人才队伍，为跨境生态安全合作提供重要人才支撑。

---

① 杨玉玲. 发挥环保社会组织作用，推进建设人与自然和谐共生的现代化[J]. 中华环境，2024(4)：30－34.

② 陈迪宇. 云南与“大湄公河次区域经济合作机制”[J]. 国际观察，2008(6)：16－21.

③ 中广核老挝首个大规模光伏项目开工[EB/OL]. 环球网，2024－12－19. https://tech.huanqiu.com/article/4KilFEWFTII.

第六章　云南参与澜湄跨境生态安全合作的案例分析

云南在与澜湄国家进行跨境生态安全合作的过程中，已经开展了诸多具有代表性的合作项目并取得了显著成效。在跨境生物多样性保护方面，云南积极与周边国家联合开展珍稀物种的调查与监测工作，有效维护了区域内的生态平衡。在跨境水资源保护领域，云南与澜湄国家加强了水资源利用与管理，还合作推进生态型农业项目，提高水资源利用效率，实现水资源的可持续利用和农业的绿色发展。在清洁能源合作方面，云南与澜湄国家合作开展了多个清洁能源项目，如太阳能、风能发电项目等。这些合作案例不仅为云南参与澜湄国家的跨境生态安全合作积累了宝贵经验，也为区域的可持续发展注入了强大动力，为未来进一步深化合作奠定了坚实基础。

第一节　跨境生物多样性保护案例

一、澜湄合作跨境亚洲象种群调查与监测项目

全球生物多样性保护的严峻形势表明，采取世界范围内的共同保护行动已刻不容缓。澜湄流域作为生物多样性资源最为丰富的地区之一，采取跨境合作联合保护成为大势所趋。其中，亚洲象作为澜湄六国均有分布的珍稀濒危野生动物，成为跨境生态安全合作的重要组成部分。随着人类活动的不断扩张，澜湄流域亚洲象面临着栖息地丧失、种群数量减少以及与人类的冲突等一系列生存困境，特别是在中国与老挝的跨境区域，生态保护形势更为严峻，亚洲象的栖息地受到了威胁。例如，20 世纪 90 年代以来，云南亚洲象种群数量降至 150 头左右，面临着分布区狭窄、零散，栖息地质量下降，种群遗传多样性降低等诸多问题，一度濒临灭绝。[①] 老挝的形式也不容乐观，由于森林砍伐、非法捕猎以及基础设施建设等因素，亚洲象的生存空间不断被挤压。国家林业和草原局高度重视亚洲象等野生动物保护工作，在外交部和国家林草局支持与指导下，于 2020 年 1 月正式启动澜湄合作跨境亚洲象种群调查与监测项目，[②]该项目通过对澜湄国家跨境区域的亚洲象种群数量、活动路线与跨境通道、栖息地状况进行调查，进一步了解该区域亚洲象的基本现状，为下一步亚洲象跨境保护、人象冲突缓解、社区安全防护等工作提供科学支撑。澜湄合作跨境亚洲象种群调查与监测项目是一个典型的成功案例，突显了区域合作、科学技术支持和公众参与等方面的重要性。

澜湄合作跨境亚洲象种群调查与监测项目自启动以来，六国积极参与其中，采取了多方切实有效的实践行动并取得了显著效果。具体而言包括：一是举办研讨会商讨亚洲象保护大计。2021 年 4 月，国家林业和草原局昆明勘察设计院（国

---

① 央媒齐聚焦！云南这样守护人象平安[EB/OL]. 云南发布，2021-06-15. https://mp.weixin.qq.com/s/f1y4WKQwDOsdr3RYQTY_4g.

② 澜湄合作越五载，砥砺前行绘新篇，亚洲象保护项目亮相澜湄合作专项基金成果展[EB/OL]. 国家林业和草原局西南调查规划院，2021-04-19. https://mp.weixin.qq.com/s/cFOaLNvqPrgs6NOmjZrWAw.

家林业和草原局亚洲象研究中心）与老挝南塔省农林厅、丰沙里省农林厅召开了“2021 年澜湄合作跨境亚洲象保护研讨会”，会议采用线上线下同步交流的形式进行，会上，中老两国政府官员、科学家在一起共商亚洲象保护大计。此次会议也是 2020 年澜湄专项基金项目—澜湄合作跨境亚洲象种群调查与监测项目的重要研讨部分。此次会议交流充分，对亚洲象保护的中老合作、澜湄合作具有十分重要的现实意义和深远影响，为整个澜湄区域甚至亚洲地区的濒危物种保护奠定了良好的基础。[①] 二是共同构建亚洲象保护平台。为更好地保护流域内亚洲象，六国共同搭建了集信息共享、技术交流、政策协调于一体的亚洲象保护平台。在 2025 年 4 月第八个“澜湄周”期间，中国、柬埔寨、老挝等国代表共同发起成立了澜湄国家亚洲象保护研究合作平台，以此进一步强化区域层面合作研究，产出具有影响力的研究成果，为推进亚洲象种群保护提供有力支撑。[②]

澜湄合作跨境亚洲象种群调查与监测项目实施以来，成效显著，为云南参与澜湄跨境生态安全合作提供了许多宝贵的经验与启示。在这一过程中，达成共识是推动多边行动、实现共同保护的前提和基础。只有在达成共识的基础上才能通过政策对话、联合科研和示范项目增进互信，进而推动形成多边治理框架下以采取具体保护行动。此外，国际合作是关键。跨境生态保护问题具有跨国界、跨区域的特点，单靠一国之力难以有效解决。澜湄合作跨境亚洲象种群调查与监测项目的成功实践表明，通过建立多层次、多领域的国际合作机制，加强国家间的沟通协调与资源共享，能够整合各方优势力量，形成跨境生态保护的强大合力，共同应对跨境生态保护挑战。最后，长效机制是核心。跨境生态保护是一项长期而复杂的系统工程，需要建立长效合作机制和稳定的资金投入机制。在项目推进过程中，应注重制度建设，完善合作协议和相关政策法规，确保合作的持续性和稳定性。同时，积极拓展资金来源渠道，保障跨境生态保护项目的长期有效实施。

二、澜沧江—湄公河水生生物保护及渔业合作项目

澜湄流域承载着丰富的水生生物资源，其中鱼类种类繁多，构成了澜湄流域

① 中国网. 澜湄地区国家共同构建亚洲象保护平台[EB/OL]. 2025 - 04 - 08. http://photo.china.com.cn/2025-04/08/content_117812416.shtml.

② 人民网. 澜湄地区国家共同构建亚洲象保护平台[EB/OL]. 2025 - 04 - 09. http://env.people.com.cn/n1/2025/0409/c1010-40455843.html.

生态系统的重要组成部分。渔业资源是澜湄国家赖以生存的重要物质基础,为维护流域人民生产生活发挥着不可替代的重要作用。然而,由于不合理的渔业捕捞、过度的水力开发等因素,严重威胁着澜湄流域水生生物的生存与繁衍。渔业资源量出现下降趋势,许多珍稀鱼类品种濒临灭绝,生态系统的平衡遭到严重破坏。尤其是在澜沧江—湄公河的跨境区域,由于水域范围广泛,国家间的管理政策差异较大,保护工作面临着多重挑战。为应对这一严峻形势,澜湄各国共同开启了澜沧江—湄公河水生生物保护及渔业合作项目。2017 年起,农业农村部承担的澜沧江—湄公河水生生物保护及渔业合作项目,几年来重点围绕建立澜湄流域水生态养护交流合作机制、中老联合执法暨增殖放流、渔业资源养护及湄公江豚保护、澜湄国家稻渔综合种养模式创建与示范推广、澜湄国家渔业可持续发展及水产养殖技术培训等开展合作。[①] 水生生物保护及渔业合作项目按照“发展为先、务实高效、项目为本”的澜湄模式,推进澜湄流域渔业和水生态合作。该项目自实施以来,澜湄国家定期举行会议,分享各自在水生态保护方面的经验与技术,取得了一系列积极成果。

澜湄国家在跨境水生生物保护合作方面,已采取多项务实行动,这些行动为维护澜湄流域水生生态系统稳定、保障渔业资源可持续利用提供了有力支撑。这些做法涵盖多个方面,主要包括:一是举办研讨交流会。2018 年 11 月,由农业农村部、湖北省政府主办,淡水渔业中心承办的澜湄流域生物资源养护分论坛在武汉举行。会上,中外渔业官员和水产专家齐聚一堂,为共同探讨保护生态资源,推动澜沧江—湄公河流域渔业可持续发展出谋划策。此次论坛对加强澜湄流域水生生物资源养护和渔业可持续发展合作具有重要意义,促进了各国之间的经验交流与技术共享。通过建立交流合作机制,澜湄各国能够定期就水生态养护的理念、技术和管理经验展开深入探讨,分享各国在水生生物保护方面的成功案例与失败教训,相互学习借鉴,以提升整体的保护水平。二是采取联合执法行动。2024 年 10 月,“中国—老挝渔政联合执法暨增殖放流活动”在云南省西双版纳景洪市举行。此次活动向澜沧江水域投放流丝尾鳠、大鳞四须鲃、中国结鱼等鱼类

---

① 中国水产科学研究院淡水渔业研究中心. 澜湄合作的渔业答卷:“澜沧江—湄公河水生生物保护及渔业合作”成果一览[EB/OL]. 2024－12－23. https://www.ffrc.cn/info/1069/14184.htm.

苗种 77 万尾，放流活动后，中老两国代表登上执法船开展巡航执法。[①] 中老持续开展联合渔政执法和水生生物增殖放流，不断强化合作机制，严厉打击非法捕捞行为，有效保护了水生生物资源和水域生态环境，流域生态功能逐步恢复，水域生态功能持续向好。通过信息共享、增殖放流、联合执法，澜湄渔业合作不断深化，有力保障了渔业资源的可持续利用，维护了区域生态系统的稳定。

澜湄国家跨境生态安全合作的行动及经验表明，深化区域生态治理合作必须坚持共商共建、多方联动，以共识促行动，才能实现可持续的跨境生态安全共治共享。这些行动的经验表明，进行跨境生态安全合作，首先需要确立合作机制，搭建合作框架。通过澜湄合作机制，确定在水资源、农业等领域的合作优先方向，发布五年行动计划，为渔业合作提供制度保障，如《澜沧江—湄公河合作五年行动计划(2018—2022)》《澜沧江—湄公河合作五年行动计划(2023—2027)》，明确渔业合作具体任务，如建立生态养护交流机制、开展增殖放流等。其次需要多方协同，强化沟通协作。通过分论坛、研讨会等多种形式，农业农村部长江办、中国水产科学研究院淡水渔业研究中心等机构与澜湄国家渔业部门、科研团队紧密合作，加强政府、机构、专家间的沟通交流，开展联合执法、资源调查、技术研讨等能为保护提供政策支撑、技术互鉴和智力支持。最后需要注重务实行动，解决实际问题。合作项目聚焦渔业资源养护、生态环境保护、渔民增收等实际问题，如稻渔综合种养解决农业可持续发展问题，增殖放流改善水域生态，启示澜湄跨境生态安全合作应立足实际，以解决具体问题为导向，提升合作实效，切实解决各国经济社会发展和人民日常生活面临的现实挑战。

---

① 中国水产科学研究院淡水渔业研究中心. 澜湄合作的渔业答卷："澜沧江—湄公河水生生物保护及渔业合作"成果一览[EB/OL]. 2024-12-23. https://www.ffrc.cn/info/1069/14184.htm.

第二节　跨境水资源合作案例

一、姐告小河水污染治理项目

澜湄国家因水而生，水资源合作是促进澜湄地区可持续发展的关键基础。自澜湄合作机制成立以来，六国已在完善澜湄水资源合作框架、加强澜湄水资源合作政策协调、加强水资源领域公共参与和宣传方面采取诸多举措。例如定期举办澜湄水资源合作部长级会议和澜湄水资源合作论坛，加强高层政策对话、技术交流、能力建设和联合研究。澜湄国家共同制定《澜湄水资源合作五年行动计划(2023—2027)》，推进水旱灾害管理、水文数据信息共享与监测、技术标准和规范对接、水利相关基础设施建设与影响评估等共同关心领域的技术交流，[①]进而加强水资源可持续利用，实现流域的绿色发展。建设美好的澜湄水环境是中缅两国的共同意愿。姐告作为中缅重要口岸，姐告小河为中缅两国跨境河流，该河源于缅甸木姐市，入境中国姐告后汇入瑞丽江，最终再次流出国界汇入伊洛瓦底江。由于小河周边区域商贸活跃、人口密集，大量生活污水和生产废弃物未经有效处理直接排入河道，导致河床淤积、垃圾堆积，水体散发异味，不仅恶化了周边人居环境，也对瑞丽国门的整体形象造成了不良影响，严重影响中缅两国人民生活环境。瑞丽市于 2019 年 3 月实施姐告小河水污染治理项目，旨在努力提升区域水治理能力。该项目启动后，瑞丽市相关部门迅速展开行动，清淤入境口河滩及河道、清理河道河床清理及改良河床底质等。[②] 中缅两国基于共同的治理诉求，在姐告地区开展了一系列水资源合作行动，2021 年 12 月，瑞丽市人民政府与缅方商务部贸易司和缅甸木姐地区政府进行视频会晤，双方就共同关切的边境大气污

---

① 中国政府网. 澜沧江—湄公河合作五年行动计划(2023—2027)(摘要)[EB/OL]. 2023 - 12 - 26. https://www.gov.cn/yaowen/liebiao/202312/content_6922348.htm.

② 瑞丽江. 环保新技术助力姐告小河净化[EB/OL]. 2019 - 05 - 28. https://www.ruili.gov.cn/jrrl157/rlzk/content-162-5636-1.html.

染防治和污水治理问题进行了交流沟通，表达了对环境污染治理共同的期许和意愿。[①]

基于共同的现实挑战与需求，中缅在跨境水资源合作共治方面，结合两国地缘关系和发展实际，积极探索务实有效的合作路径，主要做法包括：其一，政府层面政策支撑。由于姐告小河水质显著恶化，严重影响中缅两国人居环境，治理势在必得。瑞丽市政府经多次研究论证，于 2018 年向省生态环境厅申报了姐告小河水污染治理项目并争取到中央水污染专项资金 1500 万元。2019 年 3 月项目建设开始组织实施。[②] 这些实施行动都是在政府的大力支持和政策引导下开展的，瑞丽市政府不仅在资金上积极争取，还在项目规划、协调各方资源等方面发挥了主导作用。其二，国际层面共识达成。作为一条跨境河流，姐告小河水污染治理离不开中缅两国的共同努力。两国通过视频会晤的方式就小河污染治理问题进行深入交流，达成了共同治理的重要共识。这种共识为后续合作行动的开展奠定了坚实基础，确保双方在目标和行动方向上保持一致。

姐告小河水污染治理项目的实施，不仅有利于缓解流域内水资源水质污染问题，还能够为流域内人民的生产生活创造良好的水环境，进一步保障中缅两国边境地区的良好生活环境。通过该项目，积累了丰富的跨境水污染合作治理经验，为其他类似跨境河流合作治理提供了借鉴。其中最重要的一点就是要关注民生。跨境水污染治理的核心目标是改善人民的生活环境，保障民众的健康和福祉。姐告小河水污染治理项目将解决周边居民面临的水环境恶化问题作为首要任务，如河道整治、饮水安全、节水灌溉等，都是切实解决民众关切问题。

二、绿色澜湄计划—缅甸杀虫剂类化学品与可持续水质管理能力建设研究项目

缅甸作为农业大国，杀虫剂的广泛使用在保障农作物产量的同时，也给水质带来了潜在威胁。大量杀虫剂残留随着地表径流等方式进入水体，严重影响水生

① 德宏环保. 瑞丽·木姐中缅视频会晤谈及环境污染治理问题[EB/OL]. 2022-01-04. https://mp.weixin.qq.com/s/ypVOAcyN2L6Ir5nhjtGZFQ.

② 瑞丽江. 环保新技术助力姐告小河净化[EB/OL]. 2019-05-28. https://www.ruili.gov.cn/jrrl157/rlzk/content-162-5636-1.html.

生态系统的平衡，对生物多样性、沿岸居民饮用水安全构成显著威胁。杀虫剂是持久性有机污染物（POPs）在农业领域的重要来源之一。中国与缅甸同为《关于持久性有机污染物的斯德哥尔摩公约》缔约国，应共同努力致力于减少、消除和预防 POPs 污染，保护人类健康和环境。[①] 缅甸作为周边重要国家，为解决这一问题，中国同缅甸展开积极交流与合作，共同应对区域与跨境环境问题。在此背景下，绿色澜湄计划—缅甸杀虫剂类化学品与可持续水质管理能力建设研究项目应运而生。该项目旨在提升缅甸在杀虫剂类化学品管理方面的能力，实现可持续的水质管理。绿色澜湄计划不仅改善了缅甸的水环境，也为中缅两国在跨境环境治理方面积累了宝贵经验，进一步深化了两国的友好合作关系，为澜湄地区的生态安全和可持续发展作出了积极贡献。

项目自实施以来，中缅双方开展了一系列富有成效的工作，主要包括举办视频研讨会和积极向符合资质要求的单位进行招标。一方面，2020 年 11 月，通过线上方式举办了绿色澜湄计划：中缅杀虫剂类化学品与可持续水质管理能力建设研讨会、中缅城市水环境基础设施管理与水质监测能力提升活动。[②] 本次研讨会由生态环境部、澜沧江—湄公河环境合作中心主办，云南省生态环境对外合作中心（澜沧江—湄公河环境合作云南中心）与云南利鲁环境建设有限公司承办。来自中缅两国生态环境、农业、畜牧业、水利等部门的代表，以及杀虫剂化学品研究、水环境管理及监测领域的专家参会交流。与会人员围绕水环境管理法律政策体系建设、水质改善实践、云南省环境监测网络建设、地表水监测体系优化、化学品环境风险管控、生物农药应用及植物病虫害绿色防治技术等核心议题展开深入研讨。[③] 另一方面，由生态环境部对外合作与交流中心发起招标邀请相关单位参与项目实施，于 2020 年 7 月邀请符合资质要求的单位开展绿色澜湄计划—缅甸杀

① 澜沧江—湄公河环境合作中心. 绿色澜湄计划：中国—缅甸杀虫剂类化学品与可持续水质管理视频研讨会顺利召开[EB/OL]. 2020 - 11 - 30. http://www.lmec.org.cn/lmzx/lslmjh/nljs/202108/t20210813_123057.html.

② 生态环境部. 关于政协十四届全国委员会第一次会议第 03325 号（资源环境类 224 号）提案答复的函[EB/OL]. 2024 - 11 - 22. https://www.mee.gov.cn/xxgk2018/xxgk/xxgk13/202310/t20231031_1044435.html.

③ 云南省生态环境对外合作中心. 中国—缅甸杀虫剂类化学品与可持续水质管理视频研讨会顺利召开[EB/OL]. 2020 - 11 - 13. https://sthjt.yn.gov.cn/ywdt/xxywrdjj/202011/t20201113_209329_wap.html.

虫剂类化学品与可持续水质管理能力建设研究项目。[①] 通过这些活动，中缅双方在杀虫剂类化学品管理和水质管理方面加深了理解与共识，为中缅两国跨境生态安全提供了更坚实的保障。未来，双方有望将该项目的成功做法推广至澜湄地区其他国家，共同推动整个流域的跨境生态安全合作。

在澜湄国家的跨境水资源合作工作中，尤其是在中缅两国之间的合作实践中，我们积累了宝贵的经验。这些经验不仅对维护中缅两国边境地区的生态安全，增进边境居民民生福祉具有重要意义，也为澜湄其他国家开展跨境水资源治理合作提供了可借鉴的模式。首先，加强政策沟通与协调是关键。在缅甸杀虫剂类化学品与可持续水质管理能力建设研究项目中，中缅两国基于共同签署的《关于持久性有机污染物的斯德哥尔摩公约》，明确了合作的方向和目标。通过政府层面的积极沟通，为项目的顺利开展提供了政策保障具有重要意义，也为其他跨境流域治理提供了可借鉴的路径。其次，充分发挥人才智力支持是保障。在举办的视频研讨会中，来自中缅两国生态环境、农业等多部门代表以及相关领域专家齐聚交流，不同专业背景的人员从各自角度分享经验与见解，为解决杀虫剂类化学品与水质管理问题提供了全面且专业的思路。这种整合各方专业力量的方式，能够使项目在实施过程中更具科学性和有效性。

① 云南省生态环境对外合作中心.绿色澜湄计划—缅甸杀虫剂类化学品与可持续水质管理能力建设研究项目咨询服务招标公告[EB/OL]. 2020-07-06. http://www.fecomee.org.cn/dtxx/cgzb/202007/t20200716_789552.html.

第三节　跨境清洁能源合作案例

一、中广核老挝北部互联互通清洁能源基地(一期)1 000 兆瓦光伏项目

清洁能源发展是国家经济发展的重要领域之一，云南凭借丰富的水电、太阳能等能源，逐步成为澜湄地区清洁能源合作的积极参与者和重要贡献者。近年来，云南与澜湄国家在清洁能源领域的合作不断深化，双方形成了多层次、多维度的合作模式，合作进程的深入开展不仅推动了区域能源结构的优化，也为生态环境保护提供了强有力的支持。老挝北部的电力资源相对匮乏，严重影响了当地民众的生产生活，自澜湄合作机制启动以来，中老双方在清洁能源合作领域上展开深层次的交流。老挝具有丰富的太阳能资源，结合这一优势，中国中广核在老挝北部投资建设了互联互通清洁能源基地(一期)1 000 兆瓦光伏项目。该项目是由中国能源建设集团云南省电力设计院有限公司 EPC 总承包建设，作为老挝最大单体容量清洁能源项目及首个大规模光伏项目，成为中老在清洁能源领域合作的典范，为后续其他澜湄国家的清洁能源合作提供了宝贵的经验，进一步推动了澜湄地区清洁能源合作的深入发展。①

中老双方十分重视该项目，自中标到正式开建，展开了一系列严谨的工作准备。(1) 项目中标阶段。2023 年 12 月 14 日，中国能源建设集团中国电力工程云南电力设计院有限公司(中国能建中电工程云南院)收到中标通知书，被确认为中广核老挝北部互联互通清洁能源基地(一期)1 000 兆瓦光伏项目总承包工程的中标单位。该项目位于老挝乌多姆赛省，与云南西双版纳州磨憨镇直线距离约 30 公里，规划装机 1 000 兆瓦，主要包括新建一座 500 千伏变电站，新建 500 千伏输电线路以接入老挝那磨变电站，并对向扩建一个间隔，同时配套建设一座巡维中

① 新华网.中企承建老挝北部互联互通清洁能源项目开工[EB/OL]. 2024-12-20. https://www.yn.xinhuanet.com/20241220/2bdd8cd1fca24db79d2946c47e1c864a/c.html%E3%80%82.

心基地。当项目全容量投产后，预计年上网电量为 16.87 亿度，每年可节约标煤约 51.04 万吨，减少二氧化碳 140.38 万吨、二氧化硫 269.95 吨、氮氧化合物 302.01 吨、烟尘 53.99 吨，节约淡水 204.15 万立方米，对区域生态环境保护和可持续发展作出积极贡献。[①]（2）项目开建阶段。2024 年 12 月 18 日，中国广核集团老挝北部互联互通清洁能源基地一期 100 万千瓦光伏项目正式启动建设，该集团联合超过 70 家中老企业共同参与实施，旨在打造澜湄区域电力合作的示范性标杆工程。该项目的顺利开展具有双重价值，其一，项目通过构建中老跨境电力的互联互通，着力打造集风、光、生物质等多能互补的清洁能源大基地。在创新能源模式的基础上助力老挝将自然优势转化为经济优势，其生产的清洁电力经由中老 500 kV 联网工程输送至云南电网，不仅推动云南能源结构优化和电力供应保障，且扩大了中老电力双向互济规模，促进中老两国资源共享、市场互补和产业协同上的深度融合。其二，在能源结构转型升级上，中国广核集团充分发挥在新能源领域的技术研发、工程经验和装备制造优势，通过清洁能源基地建设推动老挝能源体系向低碳化、智能化方向升级，为老挝产业经济高质量发展提供绿色动能。[②]

中广核老挝北部互联互通清洁能源基地（一期）1 000 兆瓦光伏项目的有效实施，为中老电力互联互通 500 千伏线路提供了重要支撑电源，从而推进了中老双方在电力上的互联互通。一方面，该项目的成功经验在一定程度上将激励更多企业参与到澜湄地区的清洁能源合作中，为澜湄地区清洁能源市场注入新的活力。进一步拓展合作的广度和深度。随着更多清洁能源项目的落地，进一步改善了当地的能源供应结构，减少了对传统化石能源的依赖，从而降低了当地的环境污染。另一方面，清洁能源项目的建设与投入不仅解决了当地电力供应的问题，还提供了更多的就业就业机会，改善了当地居民的生产生活，为老挝北部地区的可持续发展注入新的活力，进一步推动了云南参与澜湄国家跨境清洁能源合作进程。此外，该项目的实施还将加强中老两国在能源领域的合作关系，为两国在其他领域的合作奠定坚实的基础，推动中老命运共同体建设不断向前发展。

---

① 中国对外承包工程商会. 中国能建中标老挝北部互联互通清洁能源基地总承包工程[EB/OL]. 2023-12-15. https://www.chinca.org/CICA/info/23121510415611%E3%80%82.

② 中国电力建设企业协会. 中广核老挝北部互联互通清洁能源基地一期 100 万千瓦光伏项目开工[EB/OL]. 2024-12-25. https://www.cepca.org.cn/news/show-27442.html%E3%80%82.

二、中老铁路外部供电项目

中老铁路是共建“一带一路”倡议提出后，首条以中方为主投资建设、全线采用中国技术标准、使用中国设备并与中国铁路网直接联通，连接中国云南省昆明市与老挝首都万象的一条国际铁路，是“一带一路”倡议中的关键交通动脉。铁路运营需要稳定的外部电源支持，特别是牵引变电站等关键设施的电力供应，作为高速铁路的关键组成部分，能为列车提供必要的电力，并确保供电的连续性和稳定性。老挝电力基础设施相对薄弱，部分区域电网无法满足高标准铁路用电需求，因此需要专门建设配套输变电工程。中老铁路外部供电项目是中国与老挝在“一带一路”倡议和澜沧江—湄公河合作框架下开展的一项重要基础设施互联互通工程，旨在为中老铁路提供稳定、可靠的电力保障，支撑其安全高效运行。该项目是中老铁路建设的重要配套工程，也是中国与老挝在能源电力领域合作的标志性项目，由中国能建规划设计集团云南院参与设计、中国南方电网云南有限责任公司投资承建、中国南方电网云南国际公司与老挝国家电力公司合资组建的“老中电力投资公司”负责实施。其工程建设于 2019 年 12 月 30 日正式开工建设，2021 年 3 月 31 日完工，①老挝境内中老铁路外部供电项目 2021 年 9 月 26 日全线投入运营。在项目建设期间，南方电网公司在施工标准、工程安全质量、新冠疫情防控等方面严格把关确保工程顺利推进。② 项目建成后，为中老铁路稳定运行提供了坚实的电力后盾，极大提升了铁路运输的安全性和效率。同时，也为老挝当地电力基础设施发展起到示范带动作用，促进了当地电力技术水平的提升。从更广泛层面看，此项目是澜湄地区跨境清洁能源合作的成功范例，为其他国家在能源基础设施互联互通方面提供了可供参考的模式，助力整个区域实现能源资源优化配置，推动区域经济一体化进程。

中老铁路自中国滇西南启程，一路南下，穿山越岭，横跨江河丛林，最终抵达万象，修建过程中面临了诸多自然地理、工程技术、施工环境等方面的挑战，为中

---

① 中国日报网. 中老铁路老挝段首个牵引变外部供电工程带电投运[EB/OL]. 2021 - 07 - 25. https://yn.chinadaily.com.cn/a/202107/25/WS60fd2e31a3101e7ce975b5a5.html.

② 新华网. 中老铁路外部供电项目全线投入运营[EB/OL]. 2021 - 09 - 27. https://www.news.cn/2021 - 09/27/c_1127910119.htm.

老铁路提供动力的外部供电项目同样困难重重。中老铁路外部供电项目的成功建成，不仅彰显了中老两国在基础设施建设领域的紧密协作，也为澜湄地区跨境清洁能源合作带来了诸多积极影响。该项目在实施过程中采取了一系列多方协同、科学规划、人才培养、保护生态和注重提升项目附加值的做法，具有较强的示范性，其具体做法可以归纳为：其一，发挥多方协同合作作用。中老铁路外部供电项目涉及众多参与方，包括两国政府部门、投资企业、设计单位、施工单位、运营管理单位等。各方紧密协同，共同推进项目建设。两国政府在政策支持、协调沟通等方面发挥主导作用，为项目提供良好的政策环境和协调机制。投资企业负责资金筹集与项目整体规划，设计单位提供专业的设计方案，施工单位严格按照标准进行工程建设。通过多方协同合作，凝聚各方力量，确保项目按计划顺利推进，最终实现项目的成功落地。其二，科学规划线路布局，优化输电路径。中老铁路途经多山地、丘陵的地形复杂区域，外部供电项目需综合考虑沿线地形地貌、地质条件、气候等因素确保供电线路的长期稳定运行。其三，注重本地技术人才培养。中国在电力建设领域拥有先进技术和丰富经验，在项目实施中，开展一系列技术交流和人才培养，涵盖输电线路架设、变电站设备安装与调试、电力系统运行维护等多方面内容。通过技术共享，帮助老挝提升当地电力技术人员的专业水平，为老挝后续电力基础设施建设培养储备人才。其四，注重生态保护。中老铁路外部供电项目整体线路长约 936 公里，铁塔共 2 220 基，一半以上的线路都要在山地中穿行。项目建设过程中使用高低腿铁塔不等高技术，根据山势来确定铁塔四角的长度，最大程度减少对植被的破坏，并通过升高铁塔技术保留了动物的迁徙通道。在建设完毕的同时，购买了适应当地播撒的草种，恢复原有生态。[①] 中老铁路外部供电项目在生态保护方面的举措，不仅践行了绿色发展理念，也为澜湄地区其他跨境能源项目提供了生态友好型建设榜样。这种对生态环境的重视，有利于维护区域生物多样性，保障沿线生态系统的平衡与稳定。其五，提升项目对当地经济社会发展的附加值。中老铁路外部供电项目在建设过程中还改善了老挝北部山区的交通，项目沿线除了修建施工便道外，还将道路延伸到村庄里，方便村

① 中国南方电网. 期待绿色低碳的电气化中老铁路让生活更美好[EB/OL]. 2021 - 08 - 31. https://www.nengapp.com/zixun/d52797a1fd2bf0c444b8a11fd89bfc5a.

民出行和农产品运输，[①]此外，项目实施过程中聘请了大量当地员工，为当地创造了更多就业机会，不仅提高了当地居民的就业水平和生活质量，还能为未来的老挝电网建设储备技能人才。[②] 通过这些方式，中老铁路外部供电项目在保障铁路电力供应的基础上，进一步推动了老挝当地经济社会发展，实现了能源合作与经济发展的良性互动。这种在跨境清洁能源合作中注重提升项目附加值的做法，为澜湄流域其他国家开展类似合作项目提供了宝贵的经验借鉴，有助于推动整个流域实现可持续发展。

中老铁路外部供电项目作为"一带一路"倡议下中国与老挝在能源基础设施领域合作的重要成果，为后续跨境电力基础设施建设和区域互联互通提供了宝贵的经验启示。总结起来可以归纳为：首先，建立高效协同机制，促进双边政府与企业合作。在中老铁路外部供电项目中，双边政府的协同支持至关重要。中老两国间通过搭建高效沟通桥梁，及时解决项目推进中的政策、法规等障碍，从而为企业创造良好的投资与建设环境。同时，企业间也能更好地强化合作，在资金、技术、人才等方面实现优势互补，形成强大合力。其次，深化本土人才交流与培养，为项目可持续发展储备人才。中老铁路外部供电项目中的人才培养举措成效显著，一方面，扩大人才培养范围，不仅局限于电力技术人员，还涉及项目管理、运营维护等多个领域。另一方面，建立长期人才交流机制，两国定期互派人员学习交流，分享最新技术与管理经验，共同提升区域内电力行业的整体水平。再次，秉持绿色发展理念，实现能源合作与生态保护双赢。在跨境项目建设中，中老双方充分认识到生态保护的重要性，将绿色发展理念贯穿项目始终，因地制宜采用先进技术减少对生态环境的影响，同时还注重当地生物多样性资源的保护。这种绿色发展模式不仅有利于维护区域生态平衡，也为跨境能源合作的可持续发展奠定了坚实基础。最后，积极拓展项目的经济社会效益，实现多方共赢。中老铁路外部供电项目在保障铁路用电的同时，还带动了当地交通改善、创造就业机会，推动了当地经济社会发展，扩大了项目的辐射效应。未来，澜湄地区跨境清洁能源合作有望在中老铁路外部供电项目的经验基础上不断拓展与深化，为云南参与同其他澜湄国家的跨境生态安全合作提供了可资借鉴的经验。

---

① 国务院国有资产监督管理委员会. 电力护航中老铁路　光明路通向美好生活[EB/OL]. 2021-12-06. http://www.sasac.gov.cn/n2588025/n2588124/c22084456/content.html.

② 中国日报网. 点亮中老铁路　中老铁路外部供电项目全部建成[EB/OL]. 2021-12-06. https://yn.chinadaily.com.cn/a/202108/31/WS612dd92ea3101e7ce976135a.html.

第七章　云南参与澜湄跨境生态合作的对策建议

澜沧江—湄公河，作为连接中国、缅甸、老挝、泰国、柬埔寨、越南六国的天然纽带，不仅是地理意义上的奔流巨川，更是承载流域数亿人民福祉与区域未来的命运之河。在全球气候变化加剧、生物多样性危机凸显、地缘政治格局深刻演变的当下，澜湄流域的生态安全已超越单纯的环境议题，成为关乎政治互信、经济可持续发展、社会稳定乃至国家安全的复合型核心议题。

基于对澜湄跨境生态合作背景、现状、理论、实践、机遇与挑战的系统剖析，从现实国情与云南的省情出发，构建了一套体系化、前瞻性、可操作的建议。建议内容涵盖总体战略、机制创新、能力建设和民心相通四大方面，旨在推动云南从被动的边境参与者转变为主动的区域塑造者，从单一的项目执行方跃升为区域生态治理规则的倡导者与贡献者，最终构建以云南为核心的澜湄跨境生态安全合作新格局。这不仅是对习近平总书记要求云南“努力成为我国生态文明建设排头兵”指示的深刻践行，更是在全球环境治理中贡献“澜湄智慧”与“中国方案”的必然选择，为共筑地球生命共同体贡献力量。

一、构建以云南为核心的澜湄跨境生态安全合作新格局

澜沧江—湄公河，这条奔流不息的巨川，不仅是连接中国、缅甸、老挝、泰国、柬埔寨、越南六国地理的血脉，更是承载着流域内数亿人民福祉与区域未来的命运之河。在全球气候变化加剧、生物多样性危机凸显、地缘政治格局深刻演变的时代背景下，澜湄流域的生态安全已从一个单纯的环境议题，演化为关乎政治互信、经济可持续、社会稳定乃至国家安全的复合型核心议题。云南，作为中国面向南亚东南亚开放的前沿和辐射中心，同时也是澜沧江流出中国的最后一道关键生态屏障，其在澜湄跨境生态安全合作中的角色与作为，不仅是实现自身高质量发展的内在要求，更是服务国家“一带一路”倡议、践行“人类命运共同体”理念的时代使命。立足于前述章节对背景、现状、理论、实践、机遇与挑战的系统剖析，本章

旨在从云南的现实国情与省情出发，提出一套体系化、前瞻性、可操作的总体战略，其核心目标在于：推动云南的角色从被动的边境参与者向主动的区域塑造者转变，从单一的项目执行方跃升为区域生态治理规则的倡导者与贡献者，最终构建一个以云南为关键战略支点和核心动力源的澜湄跨境生态安全合作新格局。这不仅是对习近平总书记要求云南“努力成为我国生态文明建设排头兵”指示的深刻践行，也是在全球环境治理中贡献“澜湄智慧”与“中国方案”的必然选择。

（一）确立“上游担当”与“枢纽引领”双重战略定位，夯实合作的权责基础

云南的战略定位必须是双重的，它既是责任的承担者，也是机遇的把握者。这双重定位——“上游担当”与“枢纽引领”，构成了云南参与并引领澜湄跨境生态安全合作的权责基础和行动逻辑。

首先，深刻践行“上游担当”，是云南不可推卸的生态责任与建立互信的道义基石。作为澜沧江在中国境内的主要流经区域，其干流长达 1 240 多公里，占中国境内总长的 60%以上，其水文情势、水质状况和生态系统健康直接决定着下游五国的生态安全底线。这种“江之头”的地理位置，决定了云南必须将筑牢西南生态安全屏障作为首要任务，确保“一江清水出云南”。这不仅是对本国生态负责，更是对整个流域下游数亿人民的庄严承诺。“上游担当”体现在两个核心层面：

其一，水文与水生态的科学管理责任。云南境内的小湾、糯扎渡等大型梯级水电站群，构成了澜沧江干流上强大的水资源调蓄系统。这套系统既是清洁能源的来源，也是一把可以深刻影响下游的“双刃剑”。长期以来，“中国水坝威胁论”等论调在域外势力的挑动下时有出现，其核心在于下游国家对上游水库调度不透明、可能加剧旱涝灾害的担忧。因此，云南的“上游担当”首先要体现在水资源管理的透明化和科学化上。云南应引领建立一种超越单纯发电目标的“生态友好型”联合调度模式。这种模式应将保障下游关键生态需水（如旱季补水、鱼类产卵期生态流量、湄公河三角洲抵御海水倒灌的冲淡流量）作为重要目标。2020 年大旱期间，景洪水电站通过应急补水，使下泄流量增加 1 000 立方米/秒，有效缓解了越南、柬埔寨等国的旱情，这正是“上游担当”的生动体现。然而，这种应急式的“善意”需要制度化、常态化。云南应推动将这种调度经验固化为《澜沧江梯级水库群生态调度规程》，并邀请下游国家专家参与规程的评估与完善。同时，将连续

19 年向澜湄国家无偿提供澜沧江水文数据的实践进一步深化，推动数据共享的范围从常规水文数据扩展到水质、泥沙、水温和关键断面生态流量等更全面的生态信息，并利用澜湄水资源合作信息共享平台，实现数据的实时在线共享。以最大程度的透明和科学严谨的行动，将水电站从潜在的“威胁”转变为可预期的、可靠的区域水资源“调节器”，从根本上瓦解不实指责，建立坚实的上下游互信。

其二，生物多样性与生态屏障的源头保护责任。云南是全球 34 个生物多样性热点地区之一，被誉为“动植物王国”和“物种基因库”。其境内的高黎贡山、西双版纳热带雨林等区域，与缅甸、老挝的森林生态系统紧密相连，共同构成了亚洲象、云豹等跨境迁徙物种的生命走廊。云南的生态保护成效，直接关系到整个中南半岛生态系统的完整性和稳定性。因此，“上游担当”还意味着云南应在国内实施严格的生态保护制度，并将保护的效益外溢至整个区域。云南应将省内划定生态保护红线、建立国家公园体系、实施天然林保护工程等成功经验，系统化、理论化，形成可供湄公河国家借鉴的“云南模式”。例如，在中老边境地区建立的“中国西双版纳—老挝北部三省跨边境联合保护区域”，就是将国内保护体系向境外延伸的成功尝试。云南应在此基础上，推动建立覆盖更广物种、更大范围的“澜湄跨境生物多样性保护网络”，将“上游担当”从被动的自我保护，升华为主动的区域协同保护。

其次，积极发挥“枢纽引领”作用，是云南服务国家战略、塑造区域合作新格局的时代使命。云南独特的“三出境”区位优势，使其成为中国与澜湄五国进行政策沟通、设施联通、贸易畅通、资金融通和民心相通的天然交汇点。云南不能满足于仅仅作为物理上的通道，更应致力于成为理念、技术、资金和人才的区域性“集散中心”和“服务器”，在全球化遭遇逆流、区域合作面临重构的背景下，发挥不可替代的引领作用。其中“枢纽引领”的核心内涵在于：

第一，理念与话语的引领。云南应成为中国生态文明思想在澜湄区域的“首席传播者”和“实践转化者”。将“绿水青山就是金山银山”、山水林田湖草沙一体化保护和系统治理等核心理念，结合澜湄地区小农经济为主、生物资源依赖度高、发展需求迫切的实际，转化为湄公河国家听得懂、能接受、愿实践的政策建议与合作项目。例如，将“两山”理论转化为支持老挝发展林下经济、支持柬埔寨发展生态旅游的具体方案。同时，云南也要扮演好“信息中枢”的角色，敏锐捕捉并整合下游国家的生态关切与合作需求，如越南对湄公河三角洲农业可持续性的担忧、柬埔寨对洞里萨湖渔业种群崩溃的焦虑，及时将这些一手信息反馈至国家层面，确保中国的区域政策能够精准对接区域现实，避免“一刀切”和“想当然”。

第二，机制与平台的引领。云南应充分利用中国—南亚博览会、大湄公河次区域（GMS）经济合作等现有平台，并主动创设新的对话机制，如倡议建立“澜湄流域生态文明高层论坛”或“澜湄跨境保护区联盟年会”，将自身打造成为澜湄生态合作的“中央处理器”。通过这些平台，云南可以有效整合国内外资源，协调各方行动，弥合上下游国家因信息不对称和利益诉求差异而产生的信任赤字。具体而言，云南可以牵头建立“澜湄生态技术转移中心”，将自身在生态农业、污水处理、固废利用等领域的成熟技术进行打包和推广；同时，推动“澜湄合作信息中心”升级，定期发布中、英及湄公河五国语言的生态合作动态和区域生态风险评估，努力成为区域内最权威、最全面的生态信息发布源，掌握议题设置的主动权。

（二）践行“互利共生”理念，推动从项目合作到制度共建的战略跃升

共生理论（Symbiotic Theory）源于生物学，描述了不同物种在长期互动中形成的相互依存关系。将其应用于国际关系，特别是区域生态合作，为我们提供了深刻的理论指引。澜湄六国共享同一条河流，生态系统紧密相连，形成了天然的“共生单元”。为了避免合作陷入一方受益、另一方受损的“偏利共生”（Commensalism）或“寄生”（Parasitism）模式，云南在对策设计中应将“互利共生”（Mutualism）作为核心理念。这意味着合作的出发点和落脚点，必须是寻求各方利益的最大公约数，实现生态效益、经济效益和社会效益的共同增进。当前，澜湄生态合作在很大程度上仍以项目驱动为主，虽然在具体点位上成效显著，但往往缺乏长期稳定性和制度性保障，容易受到政治气候变化和资金可持续性的影响。因此，云南可以引领推动合作模式实现一次深刻的战略升级：即从分散的、短期的、以援助为导向的项目合作，向系统的、长期的、以规则为基础的制度共建跃升。这一跃升是实现澜湄流域长治久安的必由之路，也是构建真正意义上命运共同体的内在要求。

制度共建的核心，在于规则的共同制定、遵守与演进。它能将合作的成功经验和共识固化下来，形成可预期的、稳定的合作框架，从而超越个别事件或人员变动带来的不确定性。云南应在此进程中发挥“先行者”和“催化剂”的作用，推动在关键领域探索建立共同的规则和标准。具体路径如下：

第一，推动特定领域合作的法治化与标准化。针对跨境生物多样性保护，可

以借鉴中老跨境联合保护区的成功经验，可以推动建立“澜湄跨境联合保护区网络(Lancang-Mekong Transboundary Conservation Areas Network)”。共同制定并实施一套具有约束力的“联合管理操作守则”，详细规定联合巡护的最低频率、数据交换的统一格式与周期、关键物种(如亚洲象、印支虎)的同步监测方法以及发现盗猎或非法采伐等跨境违法行为后的联合执法与案件移交流程。针对跨境大气污染，特别是每年干季困扰区域的农业秸秆焚烧问题，可以推动建立澜湄区域空气质量管理合作框架，并在此框架下建立澜湄跨境烟霾联防联控机制，明确信息通报的责任主体与时限、联合预警的启动阈值以及在重污染天气下的协同应急减排措施。

第二，构建以利益共享为核心的绿色经济制度。生态保护若不能带来经济发展，则难以持续。云南应大力推动建立公平合理的利益共享机制，确保生态保护的红利能够被所有参与方，特别是当地社区所分享，形成“保护—受益—再保护”的良性循环。具体制度设计可包括，区域绿色产品标准与认证体系，依托中老铁路等物流大通道，推动建立澜湄流域有机农产品(如泰国榴莲、越南大米)、可持续林产品、生态纺织品等绿色产品的统一认证标准和基于区块链的溯源体系。通过“澜湄绿色品牌”的共同打造和质量控制，提升产品附加值，共同开拓对环境标准要求更高的欧盟、日本等国际市场，让流域内的农民和企业从绿色转型中获得实实在在的经济回报。

第三，从“软法”到“硬法”的渐进式制度演进。在制度共建的过程中，云南应秉持开放包容、协商一致的原则，充分尊重各国的国情与诉求，避免将自身模式强加于人。可以借鉴东盟的方式，采取“软法先行、逐步深化”的策略。初期，可以倡导制定不具强制约束力的澜湄流域生态环境保护“共同准则”，先就合作原则、目标和框架达成共识。在此基础上，针对具体议题，如塑料垃圾治理、湿地保护等，签署一系列的行动计划或谅解备忘录。待合作深化、互信增强、时机成熟后，再推动将某些关键领域的共识升级为具有更强法律约束力的议定书或区域性条约。通过这一系列由点到面、由双边到多边、由软到硬的制度建设努力，逐步编织一张覆盖整个流域的生态法治网络，将生态安全合作纳入规范化、制度化的轨道，实现从“同饮一江水”的自然联结，到“共护一片天”的责任共担。

(三) 深化地区合作认知，以生态合作塑造稳定繁荣的周边环境

澜湄跨境生态安全合作绝不仅是单纯的环境保护技术问题，它深植于复杂的

地缘政治经济格局之中,是塑造中国与周边国家关系、提升区域影响力、实现国家西南方向长治久安的关键战略工具。云南作为中国面向南亚东南亚的前沿阵地,其生态合作的广度、深度和温度,直接关系到中国与周边国家的互信水平、区域影响力以及对域外势力干预的应对能力。因此,云南可以从更高维度的地区合作高度来审视和规划生态合作,将其视为一项服务国家总体外交和安全战略的长期投资。

第一,以生态合作作为建立和深化政治互信的"黏合剂"。水资源、生物多样性、气候变化等议题天然具有跨国界属性,它们既是潜在的摩擦点,也是最能体现"命运与共"的合作领域。相比于一次性的经济援助或周期性的商业贸易,生态领域的合作更能触及各国民众最根本的生存福祉,所建立起的情感联结也更为深厚和持久。云南通过主动分享水文数据、联合开展灾害预警、共同保护亚洲象等迁徙物种的务实行动,能够以事实为依据,有效化解下游国家因信息不透明而产生的疑虑和误解。每一次联合巡护、每一次数据共享、每一次技术培训,都是一次信任的积累。这种在共同应对具体挑战中建立起来的"操作性信任"(Operational Trust),相比高层互访和外交辞令更为坚实。它能将潜在的冲突点转化为合作的亮点,从而在政府和民众层面建立起超越短期经济利益的深厚战略互信。

第二,以生态合作作为维护区域长期稳定的"压舱石"。一个生态健康、环境优美的地区,更能吸引高质量的绿色投资,发展可持续的生态旅游、有机农业和康养产业,从而为当地居民提供稳定的生计来源,减少因环境恶化和资源枯竭引发的贫困、失业和社会动荡。这些问题往往是滋生极端主义、分离主义和跨国犯罪的温床。云南通过向湄公河国家推介生态治理技术和绿色发展模式——例如,帮助老挝发展环境友好型橡胶园以替代传统的刀耕火种,协助柬埔寨改善农村人居环境以发展乡村旅游——实际上是在帮助邻国夯实其可持续发展的基础,从根源上消除不稳定的社会经济土壤。这是一种"治本"的方略,通过共同做大"绿色蛋糕",提升整个区域的发展韧性,为中国的西南边疆营造一个和平、稳定、繁荣的外部环境。

第三,以生态合作作为中国提供区域公共产品的"示范窗口"。面对气候变化、生物多样性丧失、塑料污染等全球性挑战,任何国家都无法独善其身。生态安全已成为继传统安全、经济安全之后,各国高度关注的区域性乃至全球性公共产品。云南牵头开展的跨境生态保护行动,是中国作为负责任大国,向区域乃至世界提供生态安全这一重要公共产品的具体体现。这不仅能有效对冲某些域外国家利用环保议题对中国进行的污名化和不实指责，更能以实实在在的合作成果——更清洁的水源、更健康的生态系统、更繁荣的绿色产业——向世界生动展示“共商共建共享”理念的优越性和“人类命运共同体”理念的真诚意愿。当澜湄流域的居民因为中国的技术援助喝上干净的水，因为中国的生态调度免受洪水侵袭时，中国在区域治理中的和平、合作、负责任的正面形象便得以彰显。

二、完善多层次、宽领域的合作体系

在确立了以云南为核心的“上游担当”与“枢纽引领”双重战略定位后，将宏伟蓝图转化为有效行动的关键，在于构建一个与之相匹配的、强大而富有韧性的合作体系。机制创新是澜湄跨境生态安全合作从理念走向实践、从零散项目走向系统治理的“桥梁”与“骨架”。当前，澜湄生态安全合作虽已在澜湄合作（LMC）框架下取得显著进展，但仍面临诸多深层次挑战，例如合作多依赖于高层推动和以项目为基础的“运动式”协作，缺乏稳定、可预期的制度化保障；各国法律法规、技术标准与管理体系的差异构成了合作的“软壁垒”；资金来源相对单一，利益共享机制的缺失削弱了基层参与的内生动力。这些障碍共同指向一个核心问题，那便是如何构建一个既能尊重各国主权与发展差异，又能有效应对跨国界生态挑战的多层次、宽领域、高效率的合作体系。这不仅是一个实践问题，更是一个深刻的理论命题。借鉴国际关系中的“多中心治理”（Polycentric Governance）理论和“国际机制”（International Regimes）理论，我们可以认识到，有效的跨境治理并非依赖于一个单一的、自上而下的超国家权威，而是通过在不同层级（国际、区域、国家、地方）、不同领域（水、生物、气候）和不同主体（政府、企业、社会组织）之间，建立一系列相互关联、功能互补的正式与非正式规则、规范和决策程序网络。这一理论为我们提供了超越传统国家中心主义的分析框架，指引我们设计一个更加灵活、适应性更强、更具包容性的合作体系。

（一）强化顶层设计，推动澜湄生态安全合作法治化进程

法治是最佳的营商环境，也是最稳定的合作预期。澜湄跨境生态安全合作要行稳致远，就必须摆脱对个别项目或短期政策的过度依赖，逐步迈向法治化、制度化的轨道。这要求在尊重各国主权和法律体系的前提下，通过顶层设计，构建一

个从“软法”到“硬法”、从普遍原则到具体规则的、具有层次感和约束力的法律与政策框架。云南在此进程中,应扮演“规则倡导者”和“制度试验田”的角色。

1. 现状分析与理论透视:从“软法共识”到“硬法需求”的演进

目前,澜湄生态合作的顶层设计主要由一系列“软法”文件构成,如《澜湄合作五年行动计划(2023—2027)》、《澜沧江—湄公河环境合作战略与行动框架》以及历次领导人会议发布的联合声明和宣言。这些文件成功地确立了合作的政治意愿、基本原则和优先领域,发挥了重要的“共识凝聚”作用。然而,其本质上是政治承诺而非法律义务,缺乏强制约束力和争端解决机制。当各国在具体利益(如水电开发与下游渔业生计)上发生冲突时,“软法”的效力便会大打折扣。此外,六国在环境立法、执法标准、司法程序上存在巨大差异,例如,越南是《国际水道非航行使用法公约》的缔约国,而其他五国则不是,这使得统一的法律适用变得极为困难。从“国际机制”理论的视角看,澜湄生态安全合作正处于机制形成的初期阶段,即“原则和规范”已经初步建立,但“规则和决策程序”尚不健全。要使合作机制深化并产生持久效力,就必须推动其向更具约束力的方向演进。

2. 合作路径与制度设计:构建“三步走”的法治化蓝图

云南应倡导并推动一个“三步走”的法治化进程,逐步提升合作的制度化水平:

首先,巩固与细化“软法”框架,夯实合作基础。在现有合作框架下,推动将原则性的共识转化为更具操作性的行动指南和技术标准。例如,针对“生物多样性保护”这一优先领域,可以由六国专家共同起草一份关于澜湄流域跨境生物多样性保护的机制。这份机制可以详细规定跨境联合巡护的标准作业程序(SOP)、数据共享的格式与协议、重点物种(如亚洲象)同步监测的方法论、以及外来入侵物种的联合风险评估与早期预警流程。虽然其本身不具强制性,但它能为各国的具体合作项目提供统一的技术参照,促进实践层面的协调一致。云南可以率先在与老挝、缅甸的双边合作中试行这些机制,积累经验后向整个澜湄区域推广。

其次,推动特定领域的“议题性条约”,实现重点突破。选择各方共识度高、合作需求最迫切、技术条件相对成熟的领域,率先探索签署具有法律约束力的专项议定书或协定。这是一种“积木式”的制度构建方法。例如:

在澜湄流域水文信息共享与水旱灾害预警合作领域,可以将中国已连续19年向上游国家提供水文数据的实践,以法律形式固定下来,并进一步扩展共享数据的范围(水质、泥沙等)、提升共享的实时性(建立在线共享平台),并明确规定在预测到极端旱涝事件时,上下游各方的通报义务、响应程序和协调机制。这可以借鉴欧洲萨瓦河流域的联合洪水预报和警报系统的成功经验。

在澜湄流域濒危野生物种及其栖息地联合保护领域,可以以亚洲象保护为切入点,将中老跨境联合保护区的模式制度化,并扩展至印支虎、云豹等其他旗舰物种。同时明确联合保护区的法律地位、管理架构(可借鉴大林波波跨境保护区(GLTFCA)的部长级委员会、联合管理委员会等多层级架构)、资金分摊机制以及打击盗猎和非法贸易的联合执法细则。

在澜湄区域塑料废弃物越境转移管控领域,可以针对日益严峻的塑料污染问题,共同制定区域性的塑料制品生产、使用、回收标准,并建立严格的废弃物越境转移申报、审批和追溯制度,防止环境污染的"邻避效应"。

最后,展望与构建全面的区域性生态协作机制,以此达成终极目标。在多个议题性合作安排成功运行、各国互信达到较高水平的基础上,长远目标是推动形成一套综合性的区域生态环境保护协作机制。这一机制将整合所有专项合作内容,建立起一套涵盖水、森林、生物多样性、气候变化、环境污染等所有关键领域的全面治理框架。它应包含明确的实体性准则(如水资源公平合理利用准则、污染者付费准则、风险预防准则)、程序性规范(如跨境环境影响评价的强制性流程、公众参与途径)以及强有力的执行监督与争议解决办法(如设立常设的区域生态合作组织和独立的专家调解机构)。这将是区域合作机制走向成熟的最终标志,也是构建区域命运共同体的坚实制度基石。

3. 云南的制度性角色:从"边境省份"到"制度创新先行区"

在这一进程中,云南的角色至关重要。云南应主动建设成为"澜湄跨境生态合作制度创新先行区"。这意味着云南可以与老挝、缅甸、越南等毗邻省份,就特定议题先行先试,签署地方层级的合作协议,为国家层面的条约谈判积累经验、测试模式、降低风险。例如,云南可以与老挝北部三省签署就加强亚洲象跨境廊道生态补偿先行先试地达成地方合作,率先探索跨境生态补偿的资金筹集与支付方式。又如,云南可以与越南老街、河江等省建立红河流域水污染联防联控的定期会晤和信息通报机制。这些地方性的"微制度"创新,如同"细胞"一样,将为整个澜湄生态法治体系的"有机生长"提供源源不断的活力和实践基础。

（二）构建“小而美”与“大而强”相结合的项目矩阵

如果说制度框架是合作的“骨骼”，那么具体项目就是填充其间的“血肉”。一个健康有效的合作体系，既需要能够彰显战略方向、制定行业标准、具有广泛影响力的“大而强”的旗舰项目，也需要能够深入基层、惠及民生、凝聚人心的“小而美”的民生项目。二者相辅相成，共同构成一个富有生命力的项目矩阵。云南在推动项目合作时，应摒弃“大水漫灌”的思路，精准施策，根据不同国家、不同区域的实际需求，灵活运用两种项目模式，发挥其在不同层面的独特作用。

1. “小而美”项目：筑牢民心相通的社会根基

“小而美”项目具有投资少、周期短、见效快、贴近民生的特点，是建立互信、传递善意、赢得民心的最有效工具。它们如同毛细血管，将合作的养分直接输送到最需要的社区和民众手中。在当前澜湄国家发展不均、基层民众对宏大叙事感受不深的背景下，“小而美”项目是化解矛盾、夯实合作社会基础的“利器”。云南应充分利用澜湄合作专项基金等渠道，重点在与老、缅、越接壤的边境地区，大力推广以下类型的“小而美”项目：

第一，民生环保类相关项目，以解决民众最关切的环境问题为导向。例如，针对农村地区饮水安全问题，持续推进“澜湄甘泉行动”，为边境对面的学校、村寨援建小型净水站、雨水收集窖和卫生厕所。针对生活垃圾问题，援助建设小型垃圾焚烧炉或堆肥站，并培训村民进行垃圾分类。这些项目直接改善了当地人居环境，其成效看得见、摸得着，能最直观地让当地民众感受到合作带来的好处。

第二，社区赋能类项目，以提升社区自我发展能力为核心。例如，在跨境保护区周边，开展替代生计培训，教授当地村民养蜂、种植林下药材、发展生态旅游接待等技能，减少他们对森林资源的依赖。可以借鉴“澜湄区域村级减贫创新项目”的经验，该项目通过提升村民在蔬菜种植和手工艺品制作方面的技能，惠及了2 700人。同时，可以组织社区成立“护林队”“护象队”，提供装备和少量补贴，让他们成为生态保护的直接参与者和受益者。

第三，文化交流类项目，以增进相互理解和情感认同为目标。例如，组织中外学生共同参与的“澜湄环保小卫士”夏令营，让他们一起在西双版纳的雨林中学习，在湄公河畔植树。联合举办跨境民族生态文化节，共同展示和庆祝各民族与自然和谐共生的传统。这些活动能在年轻一代心中播下友谊的种子，为长期合作奠定坚实的人文基础。

2.“大而强”项目:引领区域治理的战略方向

“大而强”项目则承担着不同的功能。它们是技术创新的试验场、制度标准的策源地和区域合作的“风向标”。这类项目投资大、技术含量高、影响深远,能够集中力量解决关键性、流域性的重大生态问题,从而引领整个区域的合作方向。云南应联合国内顶尖科研机构和大型企业,聚焦以下领域,打造一批具有全球影响力的旗舰项目:

第一,跨境生态廊道与国家公园网络建设项目。在中老跨境联合保护区的基础上,联合缅甸、泰国,规划建设更大范围的“中南半岛北部跨境生物多样性保护廊道”。该项目不仅是地理上的连接,更是管理上的协同。可以建立一个由四国代表组成的联合管理委员会,统一协调廊道内的生态监测、科学研究、社区发展和执法活动。同时,将中国建设国家公园的经验,特别是普达措国家公园的成功实践,分享给正在筹建国家公园的老挝和柬埔寨,提供从规划设计、法律支撑到社区共管的全套解决方案。

第二,澜湄流域生态系统综合监测与预警中心,打造一个集遥感、大数据、人工智能于一体的“数字大脑”项目。中心总部可设在昆明,但在湄公河五国分别设立数据接收与分析分中心。该中心的核心任务是整合来自卫星、无人机、地面站点的海量数据,建立覆盖全流域的生态系统模型,实现对森林砍伐、水体污染、旱涝灾害、生物入侵等重大生态风险的实时监测、精准预测和早期预警。其成果将以多种语言向六国政府、科研机构和公众发布,成为区域内最权威的生态信息枢纽和决策支持平台。

通过构建这样一个“大”“小”结合、点面协同的项目矩阵,云南可以确保其在澜湄生态合作中的参与既有“温度”又有“高度”,既能“春风化雨、润物无声”,又能“高屋建瓴、引领方向”,从而将合作推向一个更全面、更深入、更可持续的新阶段。

(三)建立多元化融资与利益共享机制,激活绿色经济引擎

长期、可持续的跨境生态安全合作,必须摆脱对单一政府资金或援助性基金的依赖,建立一个能够自我造血、吸引多方参与的多元化融资体系。同时,必须设计出公平、透明的利益共享机制,确保生态保护的成本由各方合理分担,其产生的惠益能够被所有参与者,特别是为保护付出代价的当地社区所共享。这不仅是经

济问题，更是关乎合作能否持续的政治问题。

1. 激活市场化融资，培育“自我造血”功能

激活市场化融资是实现融资可持续性的核心。可以倡议设立“澜湄绿色发展银行”或专项基金，借鉴亚洲基础设施投资银行（AIIB）的模式，可以倡议由六国共同出资，并邀请亚洲开发银行（ADB）、世界银行等多边开发银行及国内外大型商业金融机构参股，成立一个专门服务于澜湄区域绿色产业和生态项目的金融机构。该机构可以提供优惠贷款、股权投资、绿色债券发行等全方位的金融服务。同时，推动建立生态产品（如有机农产品、生态旅游服务、清洁水权）的跨境交易市场，让“绿水青山”真正通过市场机制转化为“金山银山”。

2. 探索以“公平”为核心的跨境利益共享机制

没有公平的利益共享，合作就无法持久。例如，水电开发是澜湄合作中最敏感、最核心的利益分配问题，可以针对这个问题建立水电开发的利益共享框架。推动建立一个超越单纯电力交易的综合性利益共享框架，该框架可包含两个方面：一方面强制性的下游生态影响评估与补偿基金，即水电项目必须将一部分发电收入注入一个专项基金，用于补偿因大坝建设对下游渔业、农业和生态系统造成的负面影响；另一方面推动“一揽子发展”模式，即将水电项目与下游的灌溉、航运、供水、旅游等项目打包规划、捆绑投资，确保水电开发的利益能够更广泛地惠及整个流域。

通过上述融资与利益共享机制的创新，可以为澜湄跨境生态安全合作注入强大的、可持续的经济动力，将合作从单纯的“成本中心”转变为创造共同价值的“利润中心”，从而构建一个真正稳固、互利共赢的命运共同体。

三、夯实云南引领跨境生态合作的内生动力

云南要在澜湄跨境生态安全合作中发挥引领作用，根本在于自身能力的持续提升。这种能力不仅包括技术和管理的“硬实力”，也包括理念、标准和话语权的“软实力”。因此，云南必须将能力建设作为一项长期性、基础性工程来抓，通过打造技术高地、人才高地和数字高地，全面夯实引领区域生态合作的内生动力。这既是自我提升的过程，也是为区域提供更多高质量公共产品的过程，是实现从“参与者”到“引领者”转变的内在要求。

（一）打造“云南标准”：提升生态治理技术发展与制度设计的能力

云南在生物多样性保护、高原湖泊治理、生态农业、病虫害绿色防控、石漠化治理等领域已积累了丰富的技术和管理经验。下一步的关键，是将这些分散的、实践性的经验，系统化、标准化、模块化，形成一套既符合国际先进理念又契合本区域实际、可复制、可推广的“云南标准”。具体而言，第一，建立分领域的技术标准体系。云南可以牵头组织省内科研机构（如中科院昆明植物所、动物所）、高校（如云南大学）和龙头企业，针对环境友好型橡胶园、生态茶园、稻鱼鸭共生系统、小流域综合治理、矿山生态修复等成功模式，编制详细的技术规程、操作手册和成效评估标准，并翻译成湄公河国家语言。第二，建设技术示范与推广中心。在云南边境地区（如西双版纳、普洱）或与湄公河国家共建的合作区内，设立培训基地，这类基地应是一个集展示、培训、研发、孵化于一体的综合性平台，将先进技术和设备进行实景展示，为湄公河国家技术人员提供“看得见、摸得着、学得会”的沉浸式培训。第三，推动标准互认与采纳。通过双边和多边渠道，积极推动“云南标准”成为区域内推荐或采纳的技术标准。例如，在中老铁路等重大跨境基础设施项目中，可以将生态保护和修复的“云南标准”作为项目环境影响评价和竣工验收的要求，从而在实践中推广和检验标准的有效性。通过打造“云南标准”，云南不仅能帮助湄公河国家提升生态治理能力，更能在此过程中确立自身在区域生态治理领域的技术权威和话语权。

（二）建设“澜湄智库”：构建跨境生态安全人才培养与交流高地

人才是合作的第一资源，是所有合作机制和项目得以有效运行的根本保障。面对澜湄生态合作的广阔前景和复杂挑战，一支了解区域情况、掌握专业技能、具备国际视野的高水平专业人才队伍是不可或缺的支撑。云南应充分发挥省内高校和科研院所的集聚优势，将自身打造成为服务整个澜湄区域的生态安全人才培养与交流高地。首先，构建“学历教育＋短期培训”的双轨人才培养体系。一方面，扩大云南高校面向湄公河国家招收环境科学、生态学、水资源管理、国际法等相关专业本科、硕士和博士留学生的规模，可以设立专项奖学金，为区域培养未来的青年领袖和技术骨干。另一方面，针对湄公河国家政府官员、企业管理者、社区带头人等不同群体的特定需求，设计和开展系列化的短期专题培训班。培训内容应高度实用,涵盖国际环境法谈判、项目管理与评估、生态监测技术、社区参与式治理、绿色金融工具应用等。其次,搭建高端智库与学术交流平台。整合省内外研究力量,推动成立澜湄跨境生态安全的相关研究机构,使其成为一个集政策研究、学术交流和数据分析于一体的区域性高端智库,为区域生态治理提供持续的智力支持和思想碰撞的平台。最后,建立人才交流与合作网络。推动云南的专家学者到湄公河国家开展讲学和技术指导。同时,邀请湄公河国家的专家来滇进行为期 3～6 个月的合作研究。建立一个在线的"澜湄环保专家库",实现人才信息的互联互通,为各国应对突发环境事件提供快速响应的智力支持。通过系统性的人才培养与交流,为澜湄生态合作的可持续发展注入源源不断的人才活水。

(三) 强化"数字赋能":构建一体化生态环境监测预警网络

在数字时代,信息和数据的掌握能力是治理能力的核心体现。跨境生态安全问题具有动态性、隐蔽性和突发性等特点,传统的、零散的监测手段难以满足有效治理的需求。云南应抓住科技发展的机遇,大力推动数字技术与生态环境保护的深度融合,牵头构建一个覆盖全流域的生态环境监测预警网络。更重要的是,要建立一个统一的、云基础的"澜湄生态环境大数据平台"。该平台不仅是数据的存储中心,更是数据分析和应用的"大脑"。平台应负责通过建立先进的数学模型和人工智能算法,实现对跨境水污染扩散路径、森林火险等级、生物入侵风险、极端气候事件(如洪旱)等的模拟、预测和早期预警。同时根据数据进行分级分类,通过安全的 API 接口,向六国相关政府部门、科研机构和授权的公众用户开放不同权限的访问,实现数据的高效共享和协同应用。通过构建这一数字化的"生态大脑",云南将能够引领澜湄国家从"被动应对"转向"主动预防",极大提升跨境生态风险的管控能力和合作治理的科学化、智能化水平。

(四) 前瞻性布局:主动适应全球生态治理新趋势

生态治理是一个动态演进的领域,有效的对策必须具备前瞻性,能够主动对接和引领未来的发展趋势,而非仅仅应对当前的问题。云南在规划其澜湄合作时,必须放眼全球,将澜湄合作置于全球生态治理的大格局中进行考量。首先,要深度融入全球生物多样性框架。2022 年达成的"昆明—蒙特利尔全球生物多样性框架"为全球未来十年的生物多样性保护设定了宏伟目标。云南应以此为契机，将框架中的核心目标和行动路径，具体化、项目化为澜湄区域的合作行动。例如，围绕“基于自然的解决方案”(Nature-based Solutions，NbS)，可以联合下游国家，共同开发红树林恢复、城市湿地公园建设、水源地植被恢复等项目，这些项目不仅能保护生物多样性，还能协同应对气候变化、保障水安全，实现多重效益。其次，要探索前沿科技的创新应用。除了现有的数字技术，还应密切关注并试点应用人工智能(AI)、区块链、环境DNA(eDNA)等颠覆性技术在生态治理中的潜力。例如，可以与科技公司合作，利用AI大模型实现对流域生态系统健康状况的精准诊断和未来趋势的智能预测；可以推广利用eDNA技术，通过采集水样或土壤样本，快速普查一个区域内的物种信息，极大地提高生物多样性调查的效率和覆盖面。通过这样的前瞻性布局，云南不仅能确保其合作策略始终保持在科学前沿，更能抓住未来全球生态治理变革的机遇，巩固其在澜湄区域的创新引领地位。

四、筑牢跨境生态安全合作的社会根基

国之交在于民相亲，民相亲在于心相通。跨境生态安全合作，归根结底是为了流域内人民的共同福祉，其最终的成功也离不开广泛的社会共识和民众参与。任何宏大的合作框架，如果不能获得民众的理解和支持，都将是无根之木、无源之水。云南与湄公河国家地缘相近、人缘相亲、文缘相通，拥有开展民心相通工作的天然优势。云南应将民心相通作为一项基础性、长期性的工作，通过深化民间交往和创新文化叙事，为跨境生态安全合作注入持久的温情与活力，筑牢坚实的社会根基。

（一）深化民间环保组织与社区层面的交流合作

政府主导的合作模式固然重要，但其往往聚焦于宏观政策和大型项目。而民间力量的参与，能够使合作更具韧性、更接地气，更能触及合作的“最后一公里”。云南应积极搭建平台，鼓励和支持省内环保社会组织、志愿者团体、行业协会等“走出去”，与湄公河国家的同类组织建立常态化的伙伴关系。合作可以多种形式展开：一是联合开展社区环保项目。例如，云南的环保组织可以与老挝的社区发展机构合作，在边境村寨共同开展垃圾分类、生态厕所改造、社区协管员培训、沼气池建设等项目，将环保理念与改善民生紧密结合。这种合作模式的早期雏形，可以追溯到中老边民通过“走亲戚”“认老庚”等形式自发开展的交流，现在需要将

其系统化、专业化。二是共同开展公众环境教育。可以联合举办“澜湄环保小使者”夏令营、跨境观鸟比赛、环保主题摄影展、生态纪录片放映周等活动，增进各国青少年和民众对彼此生态文化的了解和情感认同。通过激活民间和社区的活力，可以形成官方与民间良性互动的“双轮驱动”格局，使生态合作的根基深植于两岸人民的心中，让保护行动成为一种自觉的文化习惯。

（二）创新生态文化叙事，打造“美丽澜湄”共同话语体系

话语是塑造认知、凝聚共识的强大力量。要推动澜湄国家从“利益共同体”走向“命运共同体”，就需要构建一套能够超越政治分歧、引发广泛情感共鸣的“美丽澜湄”共同话语体系。云南应发挥其文化多样性和国际传播的优势，创新生态文化的叙事方式，从“我们”的视角讲述澜湄故事。首先，要从“人类文明”的高度讲述澜湄故事。超越单纯的物种和生态系统保护，深入挖掘澜湄流域人与自然和谐共生的传统智慧、民族生态文化和哲学思想。例如，可以联合六国学者，针对澜湄流域生态文化遗产进行研究和整理，将傣族的水文化、哈尼族的梯田农耕智慧、高棉人的水上生活方式等作为共同的文化瑰宝进行保护和宣传，向世界展示澜湄流域独特的生态文明价值。其次，要用“青年视角”和“国际语言”进行传播。充分利用社交媒体、短视频、纪录片等新媒体平台，支持和鼓励中外青年创作者共同制作和传播有关澜湄生态保护的鲜活故事。例如，可以邀请流域内外的民众分享他们与这条大河的情感联结，无论是童年的记忆、旅行的见闻，还是对未来的期许。这些个人化的、充满情感的故事，比官方的宣传文件更能打动人心。最后，要打造标志性的文化品牌活动。将“澜湄周”“洱海论坛”“澜湄视听周”等活动，打造成具有国际影响力的生态文化交流品牌，使其成为展示“美丽澜湄”建设成就、凝聚区域生态共识的重要舞台。通过构建和传播这套充满温情与智慧的共同话语，可以有效增进互信、化解分歧，为澜湄跨境生态安全合作营造一个更加友好、包容的舆论氛围和社会环境。

五、从云南实践到澜湄共识，共筑地球生命共同体

云南参与澜湄跨境生态安全合作，是一项融汇了地缘政治智慧、生态科学规律与人文价值关怀的宏大系统工程。它既是云南实现自身高质量发展、筑牢国家西南生态安全屏障的内在需求，也是中国作为负责任大国，推动构建周边命运共

同体、参与全球环境治理的生动实践。从总体战略的高度谋篇布局，到机制创新的路径设计，再到能力建设的内功修炼，最后落脚于民心相通的社会根基，构成了一个环环相扣、层层递进的行动框架。这不仅是对云南一省一域的要求，更是对一种新型国际关系和区域治理模式的探索。

展望未来，我们有理由相信，云南将不仅仅是澜沧江的地理上游，更将成为澜湄生态合作的理念上游、技术上游和标准上游。一个以"互利共生"为内核，以制度共建为保障，以科技创新为引擎，以民心相通为根基的澜湄跨境生态安全合作新格局将逐步形成。在这个新格局中，水资源不再是争议的源头，而是合作的纽带；生物多样性不再是孤立的保护对象，而是共同的财富；环境挑战不再是发展的障碍，而是催生绿色创新的机遇。届时，云南的成功实践将凝练为可供全球其他跨境流域借鉴的"澜湄智慧"与"中国方案"，为共建清洁美丽的地球家园，谱写一曲壮丽的时代乐章。这条发源于雪山、奔腾向海洋的大河，将见证六国人民携手并肩，共同守护好我们赖以生存的蓝色星球，将澜湄流域真正建设成为和平之河、友谊之河、合作之河、繁荣之河，成为人类命运共同体理念在地球上最生动的写照之一。

参考文献

[1] 鲍志鹏. 澜湄国家打造文明交流互鉴"金色平台"[EB/OL]. 中国国家问题研究院，2025 - 01 - 07. https://www.ciis.org.cn/yjcg/sspl/202501/t20250107_9483.html.

[2] 本刊编辑部. 加强生态环境监管助力自然保护地体系建设[J]. 环境保护，2020,48(18):4.

[3] 濒危野生动植物种国际贸易公约[EB/OL]. 1973 - 03 - 03. https://baike.baidu.com/item/.

[4] 曹秋梅，尹林克，王蕾，等. 新疆阿尔泰山两河源自然保护区珍稀濒危保护植物分布特征[J]. 干旱区资源与环境，2020,34(9):137 - 142.

[5] 曾觉民. 云南自然森林分类系统及地理分布研究[J]. 西南林业大学学报(自然科学版)，2018,38(6):1 - 18,231.

[6] 陈迪宇. 云南与"大湄公河次区域经济合作机制"[J]. 国际观察，2008(6):16 - 21.

[7] 陈丽晖，曾尊固，何大明. 国际河流流域开发中的利益冲突及其关系协调：以澜沧江—湄公河为例[J]. 世界地理研究，2003,12(1):71 - 78.

[8] 陈鲁雁. 云南生物多样性保护：实践与挑战[J]. 云南行政学院学报，2016,18(3):146 - 150.

[9] 程晓勇. 东南亚国家跨境烟霾治理评析[J]. 东南亚研究，2015(3):23 - 29.

[10] 党的十八大以来经济社会发展成就系列报告：生态文明建设[EB/OL]. 中国政府网，2022 - 10 - 09. https://www.gov.cn/xinwen/2022 - 10/09/content_5716870.htm.

[11] 德宏环保. 瑞丽·木姐中缅视频会晤谈及环境污染治理问题[EB/OL]. 2022 - 01 - 04. https://mp.weixin.qq.com/s/ypVOAcyN2L6Ir5nhjtGZFQ.

[12] 德宏州组织开展"六·五"世界环境日中国瑞丽—缅甸木姐交流互鉴系列

活动[EB/OL]. 云南外事,2024-06-05. https://mp. weixin. qq. com/s/maGzXKhZLcNR09f4Y77XXw.

[13] 邓思杨."澜湄"区域国家科技创新发展现状及合作需求研究[J]. 世界科技研究与发展,2020,42(1):87-95.

[14] 段昌群,吴学灿,李唯,等. 美丽云南建设[M]. 北京:社会科学文献出版社,2020.

[15] 2020年全球风险报告[EB/OL]. 世界经济论坛,2020-01-15. https://cn. weforum. org/publications/the-global-risks-report-2020.

[16] 2024中国老挝磨憨—磨丁经济合作区生态环境保护国际交流活动举行[EB/OL]. 昆明新闻,2024-09-12. https://mp. weixin. qq. com/s/mIYoNnnvqqsvNDVvczWrZw.

[17] 范亚新. 冷战后中国环境外交发展研究[M]. 北京:中国政法大学出版社,2015.

[18] 奋力绘就七彩云南生态画卷(深入学习贯彻习近平新时代中国特色社会主义思想)—理论—中国共产党新闻网[EB/OL]. 2023-03-24. http://theory. people. com. cn/GB/n1/2023/0324/c40531-32650447. html.

[19] GMS EOC. CEP-BCI phase I report: 2006—2011[R/OL]. (2011-12-30)[2024-02-03]. http://gms-eoc. org/uploads/resources/3/attachment/CEP-BCI%20Phase%20I%202006—2011%20Report. pdf.

[20] GMS. Greater Mekong Subregion Core Environment Program: Strategic Framework and Action Plan 2018—2022[EB/OL]. (2018-02-01)[2024-02-03]. https://www. greatermekong. org/CEP-Strategic-Framework-2018-2022.

[21] 巩合德. 云南省跨境生物多样性保护成效、问题及路径[J]. 创造,2021(5):50-55.

[22] 共饮一江水 中缅情无限:"中缅建交70周年"中缅文化旅游合作成果丰硕[EB/OL]. 德宏文旅,2020-06-12. https://mp. weixin. qq. com/s/Z42xpqHtjtrEYe6OTPsGlA.

[23] 构筑西南生态安全屏障,云南将实施林业十大行动[N]. 云南日报,2014-02-07.

[24] 关于东盟环境合作[EB/OL]. 中国—东盟生态环境保护中心.(2021-18-26)[2025-04-09]. http://www.lmec.org.cn/chinaaseanenv/xxgx/dmhjhz/202108/t20210826_123300.html.

[25] 关于联合国环境规划署[EB/OL]. 联合国环境规划署.[2025-04-09]. https://www.unep.org/zh-hans/node/34322.

[26] 关注丨滇缅携手共筑"希望的田野"[EB/OL]. 云南发布,2024-11-03. https://mp.weixin.qq.com/s/WnyTENZ3QuDwxuz5l2h0dg.

[27] 国际化|"澜沧江—湄公河"水资源合作:沿线国家的共同选择[EB/OL]. 云南省能源研究所,2017-07-17. https://mp.weixin.qq.com/s/z38x0RJoLINBZ278DmNv-w.

[28] 国务院国有资产监督管理委员会. 电力护航中老铁路光明路通向美好生活[EB/OL]. 2021-12-06. http://www.sasac.gov.cn/n2588025/n2588124/c22084456/content.html.

[29] 韩斌. 跨境生物多样性保护的云南探索[Z]. 中共云南省委党校云南行政学院,2022-08-06.

[30] 韩成圆,刘子语. 云南携手湄公河国家打造绿色发展样板[N]. 云南日报,2023-05-15(6).

[31] 郝亚鑫.《生物多样性公约》第十五次缔约方大会第一阶段会议在昆明召开[J]. 云岭先锋,2021(11):2.

[32] 何大明. 跨境生态安全与国际环境伦理[J]. 科学,2007,59(3):14-17.

[33] 和音. 中国始终同发展中国家同呼吸、共命运[N]. 人民日报,2023-08-29(3).

[34] Helping Countries Tackle Climate Change in Asia Pacific[EB/OL]. 2019-12-28. https://www.unenvironment.org/regions/asia-and-pacific/regional-initiatives/helping-countries-tackle-climate-change.

[35] 侯焱臻,赵文武,刘焱序. 自然衰退"史无前例",物种灭绝率"加速":IPBES全球评估报告简述[J]. 生态学报,2019,39(18):6943-6949.

[36] 胡晓鹏. 产业共生:理论界定及其内在机理[J]. 中国工业经济,2008(9):118-128.

[37] 华朝朗,陶晶. 云南省以国家公园为主体的自然保护地体系研究[M]. 昆明:云南科技出版社,2019:44-54.

[38] 黄河. 区域公共产品与区域合作:解决 GMS 国家环境问题的新视角[J]. 国际观察,2010(2):73-78.

[39] 黄菊. 国际视野下生态安全政府层面合作机制建设研究[J]. 湘潮,2008(7):31-32.

[40] 黄晴,尹仑. 云南省西双版纳州生物多样性保护成效与展望[J]. 西部林业科学,2024,53(4):7-12,19.

[41] 黄山,胡楚钰. 加强澜湄区域森林可持续经营研讨会召开[N]. 中国绿色时报,2024-03-25(2).

[42] IPCCAR6 综合报告|《气候变化 2023》十大重点解读[EB/OL]. 世界资源研究所,2023-04-03. https://wri.org.cn/insights/2023-ipcc-ar6-synthesis-report-climate-change-findings.

[43] 江城县强化生态保护措施 筑牢边境生态屏障[EB/OL]. 生态环境江城分局 普洱市生态环境局江城分局,2025-02-21. https://mp.weixin.qq.com/s/ok1WIVSkyFBBiEUD7rtjAQ.

[44] 经济日报:桑河二级水电站竣工投产为柬埔寨最大水力发电工程[EB/OL]. 2019-01-17. https://www.yidaiyilu.gov.cn/p/77632.html.

[45] 孔垂炼. 美丽云南世界共享[N]. 云南经济日报,2024-10-01(A02).

[46] 寇勇栎. 澜沧江—湄公河流域水资源合作的国际法视角[J]. 河南工程学院学报(社会科学版),2019,34(3):47-53.

[47] 昆明海关. 2024 年前三季度云南对湄公河五国进出口规模超 780 亿元[EB/OL]. 云南省人民政府门户网站,2024-11-07. https://www.yn.gov.cn/sjfb/sjyw/202411/t20241107_305485.html.

[48] 澜沧江—湄公河合作第四次领导人会议内比都宣言[N]. 人民日报,2023-12-26(3).

[49] 澜沧江—湄公河合作概况[EB/OL]. 中华人民共和国外交部,2023-12-25. https://www.fmprc.gov.cn/web/wjb_673085/zzjg_673183/yzs_673193/dqzz_673197/lcjmghhz_692228/gk_692230/.

[50] 澜沧江—湄公河合作五年行动计划(2023—2027)[EB/OL]. 新华社,2023-12-26. https://www.gov.cn/yaowen/liebiao/202312/content_6922341.htm.

[51] 澜沧江—湄公河环境合作战略(2018—2020)[EB/OL]. 澜沧江—湄公河

环境合作中心,2019 - 03 - 27. https://www.lmec.org.cn/lmzx/zlyjz/lmhjhzzl/201711/t20171106_111204.html%E3%80%82.
[52] 《澜沧江—湄公河环境合作战略与行动框架 2023—2027》在京发布[EB/OL]. 中国东盟报道,2023 - 05 - 04. https://mp.weixin.qq.com/s/frw-G0BwIx1DJNhMXbBGxQ.
[53] 澜沧江—湄公河环境合作中心,中国—东盟环境保护合作中心,生态环境部对外合作与交流中心. 基于生计的澜湄流域生态修复案例研究[EB/OL]. 2020 - 12 - 06. extension://ngbkcglbmlglgldjfcnhaijeecaccgfi/http://www.lmec.org.cn/lmzx/lslmjh/lhyj/stxt/202109/P020210902564705905900.pdf.
[54] 澜沧江—湄公河环境合作中心. 老挝、缅甸水污染与环境管理情况调查报告[EB/OL]. 2020 - 12 - 06. http://www.lmec.org.cn/lmzx/lslmjh/lhyj/shj/202109/P020210902580686795755.pdf.
[55] 澜沧江—湄公河环境合作中心. 绿色澜湄计划:大气环境质量提升示范合作项目交接证书签署仪式顺利举行[EB/OL]. 2023 - 09 - 20. http://www.lmec.org.cn/lmzx/lmzxxw/202309/t20230920_132665.html.
[56] 澜沧江—湄公河环境合作中心. 绿色澜湄计划:中国—缅甸杀虫剂类化学品与可持续水质管理视频研讨会顺利召开[EB/OL]. 2020 - 11 - 30. http://www.lmec.org.cn/lmzx/lslmjh/nljs/202108/t20210813_123057.html.
[57] 澜湄合作越五载,砥砺前行绘新篇,亚洲象保护项目亮相澜湄合作专项基金成果展[EB/OL]. 国家林业和草原局西南调查规划院,2021 - 04 - 19. https://mp.weixin.qq.com/s/cFOaLNvqPrgs6NOmjZrWAw.
[58] 澜湄环境合作中心. 基于生计的澜湄流域生态修复案例研究[EB/OL]. 2021 - 07 - 20. http://www.lmec.org.cn/lmzx/lslmjh/lhyj/stxt/202109/t20210902_123481.html.
[59] 澜湄水资源合作部长级会议联合声明[EB/OL]. 新华社,2019 - 12 - 18. https://www.chinawater.com.cn/ztgz/hy/2019lmhy/4/201912/t20191223_742574.html.
[60] 李琴. 澜沧江—湄公河流域水生生物保护:现状、影响与对策[Z]. 复旦大学

发展研究院,2023:10.
[61] 林立身,马晓青,代福博,等.COP29:国际碳市场启动的焦点问题和进展展望[J].中国电力企业管理,2024(34):84-87.
[62] 凌胜利.总体国家安全观视野下的中国周边安全合作[J].国际安全研究,2024,42(4):28-52,156-157.
[63] 刘婷.澜湄机制下次区域绿色能源安全供应体系协同共建路径研究[D].昆明:云南师范大学,2023.
[64] 刘旭.澜沧江—湄公河流域生物多样性保护国际合作的原因、基础与路径选择[J].广西大学学报(哲学社会科学版),2021,43(6):119-126.
[65] 刘燕,王蕾.加强国际合作,共建地球生命共同体[N].人民日报,2022-12-25(3).
[66] 刘稚,徐秀良."一带一路"背景下澜湄合作的定位及发展[J].云南大学学报(社会科学版),2017,16(5):94-100.
[67] 刘子语.我省创新探索生物多样性有效保护路径与机制[N].云南日报,2020-12-05(2).
[68] 柳江,武瑞东,何大明.地缘合作中的陆疆跨境生态安全及调控[J].地理科学进展,2015,34(5):606-616.
[69] 卢光盛,吴波汛.人类命运共同体视角下的"清洁美丽世界"构建:兼论"澜湄环境共同体"建设[J].国际展望,2019,11(2):64-83,151-152.
[70] 罗杰斯,孙萍.中老跨境联合保护区在生物多样性保护中的作用[J].绿色科技,2020,22(8):38-39.
[71] 绿色澜湄计划:绿色低碳与可持续基础设施圆桌对话|专题二:澜湄流域生态基础设施支持社区可持续发展专家观点[EB/OL].中国—东盟环境保护合作中心,2022-05-25.https://mp.weixin.qq.com/s/eIyPNSOF2-9YYLRI3aZRCQ.
[72] 马航,刘琳.基于共生理论的城市边缘古村的保护性更新策略研究:以深圳凤凰古村为例[J].现代城市研究,2016,31(1):30-37.
[73] 锚定现代化 改革再深化|携手共建边境绿色生态长廊!中国老挝积极开展跨境合作交流[EB/OL].云南发布,2024-08-14.https://mp.weixin.qq.com/s/-_E56Rjl81MkOX6oprSAQg.

[74] Mehtonen K. Do The Downstream Countries Oppose The Upstream Dams? [M]//Modern Myths of the Mekong. Helsink: Helsinki University of Technology, 2008.

[75] Office of the High Representative for the Least Developed Countries, Landlocked Developing Countries and Small Island Developing States, About Least Developed Countries. Enhancing Resilience: Innovative Solutions for Strengthening LDCs Resilience against Systemic Shocks [EB/OL]. http://unohrlls.org/about-ldcs/(last visited Apr. 14, 2019).

[76] 欧阳春媚.浅谈中国—东盟合作云南省国际河流涉外工作管理[M]//中国水利学会青年科技工作委员会.中国水利学会首届青年科技论坛论文集.北京:中国水利水电出版社,2004:528.

[77] 潘晓明,荣鹰.构建澜湄国家命运共同体:理念与实践路径[J].国际问题研究,2024(5):1-23,138.

[78] 彭淑贞,吕臣.共生理论嵌入乡村旅游生态系统创新研究[J].科研管理,2020,41(12):60-69.

[79] 澎湃新闻.瑞丽深入开展中缅生态环境保护交流合作[EB/OL].2019-10-21. https://m.thepaper.cn/baijiahao_4745764.

[80] 戚琳.对健全和完善云南省环境资源保护地方性法规体系的思考[J].法制与社会,2015(2):87-90.

[81] 祁文龙.西双版纳州:热区淡水渔业热潮涌动[J].致富天地,2012(11):12-13.

[82] 秦天宝.全球生物多样性治理与中国的角色转变[J].当代世界,2021(11):16-21.

[83] 全联环境商会.东南亚国家环境治理情况报告之泰国[EB/OL].2024-09-18. https://mp.weixin.qq.com/s/SZlBBmm1AVh-1H4HtTgDLQ.

[84] 全联环境商会.东南亚国家环境治理情况报告之越南[EB/OL].2024-09-12. https://mp.weixin.qq.com/s/sWRMUzyA1lZCEZg7i41E9Q.

[85] 人民网.澜湄地区国家共同构建亚洲象保护平台[EB/OL].2025-04-09. http://env.people.com.cn/n1/2025/0409/c1010-40455843.html.

[86] 任俊霖,彭梓倩,孙博文,等.澜湄水资源合作机制[J].自然资源学报,

2019,34(2):250-260.

[87] 瑞丽江.环保新技术助力姐告小河净化[EB/OL].2019-05-28.https://www.ruili.gov.cn/jrrl157/rlzk/content-162-5636-1.html.

[88] 深化国际农业科技交流与合作 第五届南亚东南亚农业科技创新研讨会在昆召开[EB/OL].云南网,2021-09-29.https://yn.yunnan.cn/system/2021/09/28/031690929.shtml%E3%80%82.

[89] 生态环境部.关于政协十四届全国委员会第一次会议第03325号(资源环境类224号)提案答复的函[EB/OL].2024-11-22.https://www.mee.gov.cn/xxgk2018/xxgk/xxgk13/202310/t20231031_1044435.html.

[90] 石龙宇,李杜,陈蕾,等.跨界自然保护区:实现生物多样性保护的新手段[J].生态学报,2012,32(21):6892-6900.

[91] 世界气象组织2023年全球气候状况报告发布,称2023年为最暖一年全球气候亮起"红色警报"[N].中国气象报,2024-03-26.

[92] 世界自然基金会.地球生命力报告2022[EB/OL].2022-10-13.https://www.wwf.org.uk/our-reports/living-planet-report-2022.

[93] 水煮花生.联合国政府间气候变化专门委员会第六次综合评估报告发布[J].科学,2023,75(3):10.

[94] 丝路印象.柬埔寨林业资源发展情况现状及其面临的挑战(柬埔寨林业资源现状与挑战)[EB/OL].2025-04-16.https://qifu.zcqtz.com/article/1006772.html.

[95] 宋清润.澜沧江—湄公河合作:次区域合作新典范[J].中国报道,2019(8):29-31.

[96] 孙周亮,刘艳丽,刘冀,等.澜沧江—湄公河流域水资源利用现状与需求分析[J].水资源与水工程学报,2018,29(4):67-73.

[97] 谭珂,Pastor L. Malabrigo,任明迅.东南亚生物多样性热点地区的形成与演化[J].生态学报,2020,40(11):3866-3877.

[98] Timber Trade Portal.泰国的森林资源和背景[EB/OL].https://www.timbertradeportal.com/zh/thailand/130/country-context.

[99] 屠酥.澜湄水资源安全与合作:流域发展导向的分析视角[J].国际安全研究,2021,39(1):63-89,155-156.

[100] UNEP. Why Does Climate Change Matter? [EB/OL]. (2020-01-20). [2021-07-22]. https://www.un

[101] 王方辰.香格里拉普达措国家公园[J].人与生物圈,2017(4):1.

[102] 王学英.保护生物多样性 共建美丽家园:再现《生物多样性公约》第十五次缔约方大会(COP15)第二阶段会议系列进程[J].环境与生活,2023(S1):18-29.

[103] 王雪梅,曲建升,李延梅,等.生物多样性国际研究态势分析[J].生态学报,2010,30(4):1066-1073.

[104] 王予波.政府工作报告[N].云南日报,2025-01-23(1).

[105] 王煜阳.2021年“国际生物多样性日”新闻发布会模拟同传实践报告[D].昆明:云南师范大学,2022.

[106] 王圆圆.习近平生态文明思想在滇池沿岸乡村的实践研究[D].昆明:昆明理工大学,2022.

[107] 韦红,张辰.中国与湄公河国家的生物多样性保护合作与澜湄生命共同体构建[J].云南师范大学学报(哲学社会科学版),2022,54(4):145-156.

[108] 文云冬.澜沧江—湄公河水资源分配问题研究[D].武汉:武汉大学,2016.

[109] 吴波汛.湄公河地区的环境合作与中国的角色[D].昆明:云南大学,2020.

[110] 吴亮,王瑛,董草,等.云南省自然保护地现状特征及其体系重构规划策略[J].安徽农业科学,2024,52(8):100-105,112.

[111] WWF. Living Planet Report 2020-Bending the curve of biodiversity loss [EB/OL]. Almond R E A, Grooten M, Petersen T. (Eds). WWF, Gland, Switzerland, 2020. https://library.unccd.int/Details/fullCatalogue/1554?language=en-GB.

[112] 习近平.共同构建地球生命共同体:在《生物多样性公约》第十五次缔约方大会领导人峰会上的主旨讲话[J].环境教育,2021(10):16-17.

[113] 习近平.共同构建人与自然生命共同体[N].人民日报,2021-04-23(2).

[114] 习近平生态文明思想研究中心调研组.深入学习贯彻习近平生态文明思想 奋力打造“共抓大保护、不搞大开发”的重庆样板[J].环境与可持续发

展,2024,49(6):58－64.

[115] 习近平新年首访:有“缘”千里来相会[EB/OL]. 新华网,2020－01－19. https://www. xinhuanet. com/politics/xxjxs/2020－01/19/c_1125481228. htm.

[116] 夏函,张万顺,马蒙越,等. 服务于“生态优先 绿色发展”的生态承载能力监控预警机制研究[J]. 环境保护,2019,47(18):39－47.

[117] 携手同心,中缅林业合作取得新突破[EB/OL]. 永续全球环境研究所,2017－04－18. https://mp. weixin. qq. com/s/RObf6fQjB9JIA2j2r0ySYQ.

[118] 辛闻. 联合国环境署启动“气候、生态与生计旗舰计划”[EB/OL]. 中国发展门户网,2016－11－15. http://cn. chinagate. cn/news/2016－11/15/content_39704965. htm.

[119] 新华社. 白皮书:中国积极开展生物多样性保护国际合作[EB/OL]. (2021－10－08)[2024－01－30]. https://www. gov. cn/xinwen/2021－10/08/content_5641303. htm.

[120] 新华社. 习近平主持召开新时代推动西部大开发座谈会强调 进一步形成大保护大开放高质量发展新格局 奋力谱写西部大开发新篇章 李强 蔡奇 丁薛祥出席[J]. 中国民族,2024(4):7－9.

[121] 新华社. 澜湄清洁空气倡议联合声明(摘要)[EB/OL]. 2024－08－17. https://app. xinhuanet. com/news/article. html? articleId = 559fc9b36487364398bb25fa2e6a2295.

[122] 新华网. 中老铁路外部供电项目全线投入运营[EB/OL]. 2021－09－27. https://www. news. cn/2021－09/27/c_1127910119. htm.

[123] 新华网. 中企承建老挝北部互联互通清洁能源项目开工[EB/OL]. 2024－12－20, https://www. yn. xinhuanet. com/20241220/2bdd8cd1fca24db79d2946c47e1c864a/c. html%E3%80%82.

[124] 新京报. 中国—东南亚跨境作物重大病虫害主动防御屏障体系建成[EB/OL]. 2025－04－01. https://ipp. caas. cn/mtjj/74dde0dbc2ca497983330c4a6ec38d25. htm.

[125] 邢伟. 澜湄流域水资源多层级治理分析[D]. 北京:中共中央党校,2020.

[126] 邢伟. 水资源治理与澜湄命运共同体建设[J]. 太平洋学报,2016,24(6):43－53.

[127] 徐豪，陈柳鑫，李琼芳. 不同情境下公共流域水资源动态一体化调控：以澜湄流域为例[J]. 地理科学，2023，43(8)：1451－1462.

[128] 徐秀良，刘稚. 新冠肺炎疫情下澜湄合作的挑战、机遇及趋势[J]. 国别和区域研究，2021(4)：1－19.

[129] 许小颖，王春辉. 气候变化相关语言问题国际研究述评[J]. 语言战略研究，2024，9(2)：77－88.

[130] 央媒齐聚焦！云南这样守护人象平安[EB/OL]. 云南发布，2021－06－15. https://mp.weixin.qq.com/s/f1y4WKQwDOsdr3RYQTY_4g.

[131] 杨东平，刘洋. 共建清洁美丽世界：丝路青年参与促进"一带一路"绿色发展的新进展、面临的新挑战和高质量发展建议[J]. 丝路百科，2025(5)：26－31.

[132] 杨继国，张天力. COP28 峰会：国际社会共同应对全球气候变化[J]. 中国应急管理，2023(12)：36－39.

[133] 杨美勤，唐鸣. 生态合作治理：促进"一带一路"国际合作的新动力[J]. 当代世界社会主义问题，2020(1)：157－167.

[134] 杨玉玲. 发挥环保社会组织作用，推进建设人与自然和谐共生的现代化[J]. 中华环境，2024(4)：30－34.

[135] 杨泽伟. 中国参与亚洲区域组织的实践：发展历程、经验教训与未来展望[J]. 太平洋学报，2024，32(5)：1－14.

[136] 叶沙拿. "一带一路"背景下老挝木材产品出口竞争力研究[D]. 哈尔滨：东北林业大学，2021.

[137] "一带一路"绿色发展国际联盟秘书处. "一带一路"生物多样性保护案例报告[R]. 北京："一带一路"绿色发展国际联盟，2021.

[138] 益言. 世界经济论坛发布《2023 年全球风险报告》[J]. 中国货币市场，2023(3)：66－72.

[139] 于成学，武春友. 基于共生理论的低碳生态产业链多元稳定影响因素分析[J]. 科技与经济，2012，25(4)：96－100.

[140] 于丰锴. 第 54 届世界经济论坛年会在瑞士达沃斯举行[J]. 炼油技术与工程，2024，54(3)：46.

[141] 余桂荣. 中国与东盟国家战略性矿产资源产业链供应安全合作研究：以法

律风险为视角[J]. 沿海企业与科技,2024(1):22-31.

[142] 余霞. 云南将实施林业十大行动计划促进生态文明建设[EB/OL]. (2014-01-16)[2024-01-30]. http://yn. Yunnan. cn/html/2014-01/16/content_3038954. htm.

[143] 余晓钟,罗霞. "一带一路"能源共生合作:框架分析与推进路径[J]. 甘肃社会科学,2021(2):198-206.

[144] 袁纯清. 共生理论及其对小型经济的应用研究(上)[J]. 改革,1998(2):104.

[145] 云南积极打造绿色澜湄合作样板[EB/OL]. 中新网云南,2024-11-22. https://www. yn. chinanews. com. cn/news/2024/1122/78496. html.

[146] 云南积极构建跨境生物多样性保护廊道 筑牢国家西南生态安全屏障[EB/OL]. 中国网,2021-05-14. http://union. china. com. cn/txt/2021-05/24/content_41571439. html.

[147] 云南日报. 澜湄六国专家探讨澜湄减贫合作与农业发展[EB/OL]. 云南省人民政府门户网站,2022-10-31. https://www. yn. gov. cn/ywdt/bmdt/202210/t20221031_249404. html.

[148] 云南省2025年"澜湄周"启动 将开展29项澜湄合作活动[EB/OL]. 云南新闻网,2025-03-21. https://www. chinanews. com. cn/gn/2025/03-21/10387099. shtml.

[149] 云南省创建生态文明建设排头兵促进条例[N]. 云南日报,2020-05-21(5).

[150] 云南省林业草原局. 云南省"十四五"林草产业发展规划[EB/OL]. 2022-01-26. https://lcj. yn. gov. cn/html/2022/fazhanguihua_0126/65202. html.

[151] 云南省生态环境对外合作中心. 绿色澜湄计划—缅甸杀虫剂类化学品与可持续水质管理能力建设研究项目咨询服务招标公告[EB/OL]. 2020-07-06. http://www. fecomee. org. cn/dtxx/cgzb/202007/t20200716_789552. html.

[152] 云南省生态环境对外合作中心. 中国—缅甸杀虫剂类化学品与可持续水质管理视频研讨会顺利召开[EB/OL]. 2020-11-13. https://sthjt. yn.

gov. cn/ywdt/xxywrdjj/202011/t20201113_209329_wap. html.

[153] 云南省生态环境厅援建中国云南省—老挝琅勃拉邦省环境交流合作农村生活垃圾处理示范工程项目顺利验收移交[EB/OL]. 云南省生态环境厅,2024-11-05. https://mp. weixin. qq. com/s/uE-LEP-mZkBusD8MG2ZBcg.

[154] 云南与湄公河五国开展了哪些农业合作?一组海报带你了解[EB/OL]. 云南省农业农村厅,2024-11-21. https://mp. weixin. qq. com/s/Xod3K9sVRe7aXksb7U4-yQ.

[155] 在澜沧江—湄公河合作框架下以生态系统管理提升生计可持续性[EB/OL]. 国际生态系统管理伙伴计划. http://www. unep-iemp. org/cn/project_15. html.

[156] 在澜沧江—湄公河合作首次领导人会议上的讲话[EB/OL]. 中国政府网,2016-3-23. https://www. gov. cn/guowuyuan/2016-03/23/content_5056927. htm.

[157] 张超. 澜湄合作机制下跨界水资源治理法律研究[D]. 北京:对外经济贸易大学,2021.

[158] 张辰. 澜湄国家生物多样性保护合作成效评估与机制建设优化[J]. 东南亚纵横,2024(4):76-90.

[159] 张国英,张忠员. 中老跨境联合保护[J]. 人与生物圈,2020(3):72-73.

[160] 张励,卢光盛. "水外交"视角下的中国和下湄公河国家跨界水资源合作[J]. 东南亚研究,2015(1):42-50.

[161] 张婉洁,吴建辉,潘瑶,等. 老挝森林资源可持续发展探析[J]. 西南林业大学学报(社会科学),2022,6(3):42-46.

[162] 张汶海,葛金金,佟宇晨. 澜湄流域水利生态合作现状、挑战及路径深化[J]. 中国水利,2022(1):58-61.

[163] 张瑜. 国际公共产品视阈下的澜沧江—湄公河水资源合作[D]. 北京:外交学院,2019.

[164] 张治军,李华,刘绍娟,等. 刍议西南生态安全屏障战略下云南生物多样性保护对策[J]. 林业建设,2020(4):34-38.

[165] 章煜. 云南普洱五湖国家湿地公园现状及保护对策探讨[J]. 内蒙古林业

调查设计,2014,37(3):120－123.

[166] 召玉龙,李有寿,李金华,等.中老边境跨境区域亚洲象联合保护探究[J].林业调查规划,2023,48(2):97－100,187.

[167] 赵飞.云南省生物多样性法治保护的实践与探索:以联合国《生物多样性公约》缔约方大会第十五次会议为视角[J].中国司法,2021(12):103－107.

[168] 赵荟,谢凌雁,王小菲,等.国家湿地公园试点建设及验收:以云南普洱五湖国家湿地公园为例[J].湿地科学与管理,2018,14(2):8－11.

[169] 赵永新.开展生态监测 服务全球生态环境治理[N].人民日报,2024－01－10(14).

[170] 赵运兴.全球低油价背景下沙特经济转型与中国—沙特阿拉伯的合作研究[D].昆明:云南大学,2018.

[171] 郑娜娜,王晟聪.走向共生:流域生态治理过程中人与自然关系的演化[J].南京工业大学学报(社会科学版),2024,23(5):64－76,118.

[172] 中方加大澜沧江景洪水电站下泄流量帮助下游共同应对旱情[EB/OL].水利部网站,2020－01－28. https://www.gov.cn/xinwen/2020－01/28/content_5472635.htm.

[173] 中共中央国务院关于全面推进美丽中国建设的意见[EB/OL].中共中央,国务院,2024－01－11. https://www.gov.cn/zhengce/202401/content_6925405.htm.

[174] 中广核老挝首个大规模光伏项目开工[EB/OL].环球网,2024－12－19. https://tech.huanqiu.com/article/4KilFEWFTII.

[175] 中国电力建设企业协会.中广核老挝北部互联互通清洁能源基地一期100万千瓦光伏项目开工[EB/OL].2024－12－25. https://www.cepca.org.cn/news/show-27442.html%E3%80%82.

[176] 中国东盟报道:澜湄合作2024年度十大新闻[EB/OL].2025－01－20. http://www.lmcchina.org/2025－01/20/content_43016105.htm.

[177] 中国对外承包工程商会.中国能建中标老挝北部互联互通清洁能源基地总承包工程[EB/OL].2023－12－15. https://www.chinca.org/CICA/info/23121510415611%E3%80%82.

[178] 中国警察网:践行亲诚惠容理念 共建美好澜湄家园[EB/OL]. 2024-01-13. https://news.cpd.com.cn/n3559/124/t_1119586.html.

[179] 中国科学院环境研究中心:中心承担的NSFC-UNEP国际合作项目启动会在曼谷召开[EB/OL]. 2024-12-27. https://rcees.cas.cn/hz/gjj/gjhzdt/202412/t20241227_7510998.html.

[180] 中国南方电网. 期待绿色低碳的电气化中老铁路让生活更美好[EB/OL]. 2021-08-31. https://www.nengapp.com/zixun/d52797a1fd2bf0c444b8a11fd89bfc5a.

[181] 中国—南亚东南亚农业重大有害生物绿色防控技术交流研讨会现场观摩活动在勐海县举行[EB/OL]. 勐海县植保植检与土壤肥料站,2023-10-17. https://www.ynmh.gov.cn/nkj/26150.news.detail.dhtml? news_id=460631%E3%80%82.

[182] 中国日报网. 点亮中老铁路 中老铁路外部供电项目全部建成[EB/OL]. 2021-12-06. https://yn.chinadaily.com.cn/a/202108/31/WS612dd92ea3101e7ce976135a.html.

[183] 中国日报网. 跟着主席看世界|走进柬埔寨:首个同中国签署命运共同体行动计划的国家[EB/OL]. 2025-04-17. https://cn.chinadaily.com.cn/a/202504/17/WS68008fcda310e29a7c4a9b7c.html.

[184] 中国日报网. 中老铁路老挝段首个牵引变外部供电工程带电投运[EB/OL]. 2021-07-25. https://yn.chinadaily.com.cn/a/202107/25/WS60fd2e31a3101e7ce975b5a5.html.

[185] 中国生物物种名录2020版[EB/OL]. 中国科学院生物多样性委员会,2020-05-22. http://www.sp2000.org.cn/.

[186] 中国水产科学研究院淡水渔业研究中心. 澜湄合作的渔业答卷:“澜沧江—湄公河水生生物保护及渔业合作”成果一览[EB/OL]. 2024-12-23. https://www.ffrc.cn/info/1069/14184.htm.

[187] 中国铁路昆明局集团有限公司. 中老铁路累计发送旅客超4 860万人次[EB/OL]. 昆明市人民政府门户网站,2025-03-05. https://www.km.gov.cn/c/2025-03-05/4950807.shtml.

[188] 中国网. 澜湄地区国家共同构建亚洲象保护平台[EB/OL]. 2025-04-

08. http://photo. china. com. cn/2025 - 04/08/content _ 117812416. shtml.

[189] 中国新闻网. 澜湄六国携手提升环境治理能力[EB/OL]. 2024 - 05 - 28. https://www. chinanews. com. cn/sh/2024/05 - 28/10224852. shtml.

[190] 中国政府网. 澜沧江—湄公河合作五年行动计划(2023—2027)(摘要)[EB/OL]. 2023 - 12 - 26. https://www. gov. cn/yaowen/liebiao/202312/content_6922348. htm.

[191] 中国驻缅甸大使馆. 中国驻缅甸大使馆出席澜湄区域村级减贫创新项目竣工仪式[EB/OL]. 2024 - 12 - 03. http://www. lmcchina. org/2024 - 12/03/content_42980082. htm.

[192] 中华人民共和国国务院新闻办公室. 中国的生物多样性保护[N]. 人民日报,2021 - 10 - 09(4).

[193] 中华人民共和国生态环境部:关于政协十四届全国委员会第一次会议第01731号(资源环境类108号)提案答复的函[EB/OL]. 2023 - 07 - 29. https://www. mee. gov. cn/xxgk2018/xxgk/xxgk13/202311/t20231106_1055212. html.

[194] 中老跨境生物多样性保护年会召开[EB/OL]. 西双版纳报,2024 - 12 - 05. https://yn. yunnan. cn/system/2024/12/05/033325217. shtml%E3%80%82.

[195] 周晶. 云南省国家级生态文明建设示范区发展能力评价研究[D]. 昆明:云南大学,2022.

[196] 周琳. 缅甸入境旅游市场开发研究[D]. 昆明:云南师范大学,2016.